Jetzt helfe ich mir selbst

Ulrich Lieb

Landschaftsbau

transpress

Einbandgestaltung: Sven Rauert

Fotos: Fleischmann (groß), Frickel, Lieb

Bildnachweis:
Die zur Illustration dieses Buches verwendeten Aufnahmen stammen – wenn nichts anderes vermerkt ist – vom Verfasser.

IISBN 978-3-613-71793-0 (Nachdruck der 2012 unter der ISBN 978-3-613-71428-1 erschienen Ausgabe)

1. Auflage 2026

Sie finden uns im Internet unter www.transpress.de

Produkthinweis:
Dieses Buch wurde nach den geltenden Vorschriften der General Product Safety Regulation (GPSR) entwickelt. Bei Fragen oder Problemen wenden Sie sich bitte an den Verlag unter der folgenden E-Mail-Adresse: gpsr@paul-pietsch-verlage.de

Lektor: Hartmut Lange, Simone Klöhn
Innengestaltung: IPa, 75417 Mühlacker-Mühlhausen
Druck und Bindung: Impressum: Druck und Bindung:
HUNTER Books GmbH, Johann-Dahlem-Straße 54, 63814 Mainaschaff
Printed in Germany

Inhalt

Vorwort

Was wäre die Modellbahn ohne ansprechende Landschaft? Der Zug wirkt doch erst richtig überzeugend durch die Einbettung in eine plausible und modellbauerisch gelungene Modell-Landschaft. Wie diese modellgerechte Topografie entsteht, dazu gibt es zahllose Meinungen und Bauweisen. Wahrscheinlich hat da jeder Modellbahner seine eigenen Rezepte. Und das ist gut so.
Gerade im Landschaftsbau ist im vergangenen Jahrzehnt eine Vielzahl neuartiger Baumaterialien auf den Markt gekommen, die zwar ein detailfreudiges, bisweilen sehr anspruchsvolles Ergebnis liefern, deren Einsatz aber einiges an Erfahrung im Umgang voraussetzt. Die neuen Baustoffe wollen mit Bedacht ausgewählt und verarbeitet werden, denn allzu schnell wird viel Material verpulvert – mit unbefriedigendem Ergebnis. Und das ist weniger gut.
Bei Modellbahnen ist es doch gerade im Bereich Landschaftsbau mitnichten so, dass großer Aufwand (auch finanzieller) automatisch ein hervorragendes Ergebnis liefert. Das gilt übrigens auch für andere Bereiche des menschlichen Daseins. Schnell hat der Modellbahner zu viel des Guten getan und die Modelllandschaft stellt ihn nicht zufrieden. Der »Unzufriedenheit spitzer Zahn« nagt an ihm, bis er wieder alles abreißt, das teure Material dabei unbrauchbar wird und der frustrierte Modellbahner daraufhin allem modellbahnerischen Blendwerk abschwört und sich weniger aufreibender Freizeitbeschäftigung widmet.
Damit es nicht soweit kommt, kann der Modellbahner vorbeugen. Ein kleiner Beitrag zu diesem hehren Vorsatz soll dieses Buch sein. Es basiert auf dem Erfahrungsschatz Landschaftsbau-gestählter Modellbahner. Das Buch soll ein Leitfaden für den Umgang mit modernen Landschaftsbaumaterialien sein. Ziel ist es, die neuen Baustoffe nicht nur effektiv, sondern auch sinnvoll einzusetzen.
Natürlich gilt auch für dieses Buch der Hinweis, dass alle erwähnten Produkte nur eine Auswahl aus einem riesigen Angebot darstellen und nicht als Empfehlung missverstanden werden sollen. Selbstverständlich wurden alle erwähnten und bildlich vorgestellten Materialien rabattfrei und konventionell erworben, geschenkt gab es absolut nichts.
Abschließend möchte ich an dieser Stelle noch den Damen und Herren in den Büros der Zubehör-Hersteller für die geduldige Gründlichkeit beim Beantworten der Fragen des Autors danken. Ein herzliches Dankeschön auch meinen Modellbahnfreunden und -kollegen, allen voran Henk ten Kaate und Sepp Tonkas, für die vielen technischen Hinweise und kollegialen Tipps, ohne die dieses Buch nicht zustande gekommen wäre.

Ulrich Lieb

»Jede Landschaft hat ihre eigene, besondere Seele.«

(Christian Morgenstern, Stufen)

1. Einleitung

Zunächst soll es um das Thema Landschaftsbau in der Wahrnehmung Dritter gehen. Dann versuchen wir eine Annäherung an den Modellbahn-Landschaftsbau im Allgemeinen und Speziellen, ehe eine historische Rückschau den Landschaftsbau unserer Väter Revue passieren lässt.

1.1. Bizarres im TV

Neulich strahlte ein Lokalsender – der Name tut hier nichts zur Sache – eine Sendung zum Thema Modellbahnen aus. Unter anderem war dort von einem Erzähler mit warmer Stimme zum Besten gegeben, dass »Modellbahner ja viel lieber Landschaften bauen als im Kreis zu fahren«. Und die warme Stimme aus dem Hintergrund fuhr fort: »Fliegendraht hilft nicht nur im Sommer Mücken abzuhalten, sondern auch im Winter, wenn er als Landschaftsboden der häuslichen Modellbahn dient.«

Man liebt solche Sendungen ja, hat man doch immer das Gefühl als Modellbahner dankbares Sujet irgendeines Filmteams zu sein, das gerne Merkwürdigkeiten unserer Heimat präsentiert. Und weiter ging's, mit gewohnt warmer Stimme: »Flugs ist Gips bereitet und aufgetragen, etwas grüne Farbe dazu und schon kann der Zug seine Runden drehen.« Oha! Daraufhin holt man sich erst mal einen Tee oder tut sonst etwas Nervenberuhigendes...

Es gab noch viele weitere Tipps der warmen Stimme aus dem Off, etwa dass »Besuche mit der Familie im Spielwarenladen«, allwo die Auswahl unter zahlreichem Zubehör für den Landschaftsbau getroffen werden könne, »stets Höhepunkte der Vorweihnachtszeit« seien. Ich bezweifle, dass das Filmteam sich eingehend mit der Materie beschäftigt hat, allzu idyllisch wird da ein Bild eines Modellbahners gezeichnet, der nicht nur Fliegendraht zweckentfremdet, sondern auch noch seine Fahrzeuge auf blankem Gips verkehren lässt... Na ja, im Spielwarenladen gibt's vielleicht noch Einsteigerpackungen, aber keine modernen Landschaftsbaumaterialien wie Begrasungsflocken oder Belaubungsmaterial.

Ein Blick auf das Kommende: Im Vordergrund ist ein selbstgebauter Baum mit feinen Beflockungsmaterialien zu sehen, nach hinten schließen sich moderne Grasmatten und »Krautimitationen« an.

1.1.1. Landschaftsbau - Technik oder Kunst?

Genug jetzt, verlassen wir die Niederungen des Lokaljournalismus. Von dem ganzen etwa fünfminütigen Machwerk ist in Erinnerung geblieben, dass »Modellbahner ja viel lieber Landschaften bauen als im Kreis zu fahren«. Nun denn, so sei es. Nähern wir uns mal ganz unbedarft dem Thema Modellbahnanlagen-Landschaftsbau.

Wie heißt es doch so schön in einschlägigen Publikationen zum Thema? Richtig: »Der Landschaftsbau gehört zum beliebtesten Aspekt beim Anlagenbau.« Fragt man mal im Modellbahn-Kollegenkreis herum, wie man es dort hält, erhält man verschiedene Antworten: Das reicht von: »Landschaft muss halt sein« oder: »ist mir aber nicht so wichtig« vielleicht auch: »ist mir zu schwierig, ich fahr ohne«. Es gibt aber auch Ansichten wie: »erst die Landschaft macht die Modellbahn zur ›Modell‹-Bahn« und: »schwierig, aber es lohnt sich« und endet bei: »für eine gute Landschaft muss man Künstler sein«.

Das ist eine recht breit gestreute Meinung. Es scheint jedenfalls so zu sein, dass viele Hobby-Kollegen den Landschaftsbau eher als künstlerische Arbeit sehen und da »Kunst« von »Können« kommt, hat so mancher mit dem Thema abgeschlossen: »ich werde nie eine solch tolle Landschaft, wie sie auf Ausstellungen zu sehen ist, hinbekommen«, heißt es immer wieder.

Wenn man davon ausgeht, dass der Modellbahn-Landschaftsbau eine Kunst ist, dann setzt er sicherlich Talent voraus, das man nun mal nicht lernen kann. Aber der Rest ist dann sicherlich Technik im Sinne von »gewusst wie«, Inspiration und wohl auch Fleiß und natürlich Übung.

Natürlich kann man nicht binnen Kurzem zu einem Landschaftsbau-Künstler werden. Das

Mit einem abschließenden Hintergrundbild wirkt die Modellbahnanlage wesentlich tiefer. Nur einer der Tricks, mit denen sich Modellbahner behelfen können um zu einer vorbildähnlichen Anlage zu kommen. Übrigens: das abgebildete Anlagenmotiv ist nur 30 cm tief.

muss man auch gar nicht. Aber man kann versuchen sich dem Thema Landschaftsbau systematisch zu nähern. Anders wie vielleicht in Künsten, bei denen sehr viel Talent nötig ist, bietet der Landschaftsbau viele Hilfsmittel um auch dem vielleicht nicht so Begabten zu ansehnlichen Ergebnissen zu verhelfen.

1.2. Moderne Baumaterialien

Betrachtet man den Modellbahnmarkt, dann ist doch gerade im Landschaftsbau in den zurückliegenden zehn Jahren unüberschaubar vieles an Neuem, etwa moderne Baumaterialien, erschienen. Und wie man auf Ausstellungen feststellen kann, ist damit ein großartiges Ergebnis möglich. Man muss halt nur wissen, wie es geht. Es stimmt schon, dass solche Baustoffe ein gewisses Maß an Erfahrung voraussetzen, aber eben nicht unbedingt Talent. Jetzt einfach in den Laden stürmen und alles zusammenkaufen, liefert sicher kein ansprechendes Ergebnis. Mal ganz davon abgesehen, dass die Preise für diese Materialien wahrscheinlich den Hobbyetat rasch sprengen würden. Nein, nein, die neuen Materialien muss man mit Bedacht auswählen und ebenso verarbeiten. Ich glaube, dass es in keinem anderen Bereich des Modellbahnhobbys so leicht möglich ist, mit hohem finanziellen Aufwand viel Material nutzlos zu verpulvern und ein unbefriedigendes Ergebnis zu erreichen. Ein großer Aufwand bringt im Landschaftsbau nicht automatisch ein Klasse-Ergebnis.

Ziel des Autors ist es, den geneigten Landschaftsbauer in den Umgang mit modernen Landschaftsbaumaterialien einzuführen. Das umfasst nicht nur die Präsentation solcher Stoffe, sondern eben auch die Erklärung wie man mit solcherlei Materialien arbeiten kann – und auch, was sie nicht können. Unser Ziel ist es dabei stets die teuren Materialien effektiv und sinnvoll anzuwenden.

1.2.1. Keine Berührungsängste

Fraglos stellt gerade der Modellbahn-Land-

Die üppig grünende Natur hat ein unübersehbares Talent Eisenbahnfahrzeugen ein gewisses Flair zu verleihen…

Vorbild Natur: Gerade der Hochsommer mit seinem Farben- und Lichtspiel bietet zahlreiche Anregungen für den Modellbauer. Ausflüge mit der Kamera gehören fast schon zum Pflichtprogramm des Anlagenbauers.

Mit modernen Materialien gelingt es heute die natürliche Üppigkeit in verblüffender Weise sehr realistisch nachzugestalten. Im Bild eine Wiese aus verschiedenen Flockenmaterialien, Grasmatten und Grasimitation auf der Anlage Tonkas.

schaftsbau ein weites Feld für denjenigen dar, der noch kräftig selbst Hand anlegen will. Der Selbstbau ist ja bei den heute üblichen Ansprüchen bei Bauwerken und Fahrzeugen so gut wie ausgeschlossen – zumindest für Otto Normalmodellbahner. Im Landschaftsbau gibt es viel fertig konfektioniertes, optisch nahezu perfekt – aber zu entsprechenden Preisen.
Dabei hat es viele Baumethoden, die mit vergleichsweise einfachen und oft preisgünstigen Mitteln gute Ergebnisse ermöglichen, schon vor vielen Jahren gegeben. Aufgrund der Konkurrenz perfekter Modellbauten und der oftmals erwünschten Zeitersparnis beim Modellbahnbau sind viele dieser altbewährten Methoden ins Hintertreffen und in Vergessenheit geraten. Schade eigentlich!
Natürlich kommen deshalb auch konventionelle Baumethoden zu ihrem Recht. Sie werden jedoch um moderne Gestaltungsmaterialien bereichert, um ein noch besseres Ergebnis zu liefern.
Zeitgemäßes Fahrzeugmaterial, dessen hochwertige optische Ausführung heute als obligatorisch angesehen wird, kommt in einer ansprechenden Landschaft erst so richtig zur Geltung. Die Natur möglichst exakt nachzubilden ist dank moderner Materialien heute nicht mehr ausgeschlossen. Allerdings stellt der Landschaftsbau viele Modellbahner vor erhebliche Herausforderungen, zu denen nicht nur bastlerisches Geschick, sondern wie gesagt oftmals auch künstlerische Fertigkeiten gehören. Das lässt manchen, ansonsten begeisterten Modellbahner davor zurückschrecken, sich mit heutigen Materialien und Bauweisen auseinanderzusetzen.
Derartige Berührungsängste will das Buch abbauen helfen und zeigen, dass man kein begnadeter Modellbauer oder gar Künstler sein muss, um auch selbst eine ansehnliche Landschaftsgestaltung zu erschaffen. Zudem muss moderner Landschaftsbau traditionelle Methoden nicht ausschließen: Dass sich beides durchaus vereinen lässt, will dieses Buch ebenfalls zeigen.

1.2.2. Historischer Rückblick

Keinesfalls einen verächtlichen Blick wollen wir in Großvaters Modellbahnbauwelt und -werkstatt werfen, denn so haben auch heutige Modellbaugranden auch einmal angefangen.
Als junger Modellbahner ohne nennenswerte finanzielle Mittel hat man gelernt, mit dem auszukommen, was Küche und Keller bieten. Auf der ersten Anlage standen Flaschenputzer-Bäume, mit buntem Sägemehl beflockte Holzklötzchen als Büsche, Felsen aus Borkenstücken des nahen Walds oder aus Pappmaschee und natürlich die unvermeidliche Grasmatte (möglichst glatt aufgebügelt, denn Ordnung muss ja sein). Und das Tolle an dem Ganzen: Wer verbindet damit nicht angenehme Erinnerungen? Und dabei bin ich überzeugt, dass es nicht nur daran liegt, dass man damals eben jung war…
Man kann nun also daraus schließen, dass der Modellbahnspaß eben nicht von der Verwendung feinster Zutaten abhängt. Damals hat die Phantasie ausgereicht, um sich nicht am Sägemehl-bestreuten Holzklötzchen als »Busch« zu stören. Was aber hindert den »gestandenen« Normal-Modellbahner es heute noch so zu machen. Zunächst einmal: Nichts! Und all jene Modellbahn-Diktatoren, die über Hobby-Kollegen den Stab brechen, die Holzklötzchen-Büsche als Vegetations-Imitation benutzen, bitten wir wegzusehen.

Der Autor erinnert sich noch gut an die hektischen Vorweihnachtstage, als die Anlage fertig werden musste. Der Unterbau war zumeist ein Tischgestell oder eine andere Platte, etwa ein Türblatt. Dort drauf kam die Landschaftshaut, zumeist aus dem eingangs im genannten Filmbeitrag erwähnten Fliegendraht, der anschließend mit Papier belegt und begipst wurde. Alternativ wurde auch Pappmaschee statt Gips verwendet.
Im nächsten Arbeitsgang wurde die berühmte »Grasmatte« aufgeklebt, Gleisstrecken erhielten die »Schottermatte«. Leider besaß eine Grasmatte nur eine einzige »Wuchshöhe« des »Grases«. Diesem Umstand fielen allerlei

Bürsten zum Opfer, die als Getreidefeld ebenso dienten wie als »Schilf«-Lieferanten (grün eingefärbt freilich).
Dabei gab es wahre Künstler, deren Ehrgeiz darin bestand, die jeweilige Matte möglichst glatt aufzubringen – obwohl das nicht so großartig aussah... Hobby-Kollegen, die die Matte vorab zerknüllten und knautschig aufklebten, somit für mehr Realitätsnähe sorgten, stellten da schon einen Quantensprung dar.
Felsen bestanden aus Korkrinde (die musste man nicht noch extra anmalen) oder aus alten Fetzen, die mit Weißleim getränkt, auf die Landschaft aufgelegt, mit Hölzchen unterstützt und in groteske Formen gebogen voll guter Hoffnung der Trocknung überlassen wurden.
Ganze Familien waren kurz vor Weihnachten damit beschäftigt »Bäume« zu fertigen: Ein Holzklötzchen erhielt einen Standfuß und wurden dann mit grün gefärbten Sägespänen beflockt. Für Büsche diente das von Floristen benutzte und im Modellbahnbereich altbekannte Islandmoos. Muntere Bächlein gluckerten als Uhu-Alleskleber-Wurst durch die Wiese, Seen waren aus miefigem Gießharz entstanden oder bestanden aus Folien.
Und detailreich waren unsere alten Anlagen auch: Es wimmelte von Tieren, obgleich mal sagen wir von der Katze an aufwärts – wobei es in Mitteleuropa da nicht so sehr viel nachzustellen gibt (der Bär ist seit dem 19. Jahrhundert in unseren Breiten ausgerottet). Kleingetier? Fehlanzeige.
Mal von all diesen Dingen abgesehen: Man hatte sich damals auch kaum vorab einen Landschaftsbauplan gemacht. Vieles wirkte hernach nicht so gut wie erhofft, obwohl die Bauausführung wohlgelungen war. Man hatte sich halt nicht mit den am griffigsten unter Landschaftsbau-Philosophie zusammengefassten Gesichtspunkten (siehe dort im Kapitel 2) beschäftigt.

Urgroßvaters Modellbahn kam noch ohne Grasmatten, Polyfiber und Waterdrops und was es dergleichen heutzutage noch mehr gibt aus. Dennoch übt die alte Blechbahn auch heute noch einen enormen Reiz aus – wie alles, dem man die Liebe bei der modellgerechten Umsetzung unmittelbar ansieht.

Die knittrig aufgeklebte Grasmatte galt vor vielen Jahren als eine fortschrittliche Baumethode. Die Felsen auf dieser älteren Fotografie bestehen aus gipsüberzogenem und mit Dispersionsfarben gestrichenem Styropor. Die Bäume sind noch die berüchtigten »Flaschenputzer« aus Draht und Borsten.

1.3. Moderne Materialien – ein Überblick

In mehreren Bereichen des Landschaftsbaus hat sich in den vergangenen etwa zehn Jahren viel getan. Ohne Anspruch auf Vollständigkeit wollen wir eine Übersicht wagen, was zugleich eine Vorausschau auf das Kommende sein soll.

1.3.1. Unterbaubaumaterialien

Wo früher der Tisch als üblicher Unterbau diente, haben heute Leichtbaustoffe ihren Platz erobert. In erster Linie geht es dabei um Styrodur und Styrofoam, wie die modernen Materialien heißen. Styropor ist nicht das Mittel erster Wahl, weil zu krümelig und zu wenig stabil.
Die Hartschäume – dabei handelt es sich bei Sytrodur und Styrofoam – sind vergleichsweise fest und können als selbst tragende Unterbauten durchaus herhalten. Zudem lassen sie sich relativ leicht bearbeiten, ohne allzu viel Schmutz zu bereiten.

1.3.2. Gras

Die Grasmatte wurde durch das flexiblere »freie Begrasen« abgelöst. Man denke dabei an jene weichen Gummifläschchen von Noch mit dem Streuaufsatz. Man »pumpte« das Modellgras durch den Streuaufsatz in das frisch beleimte Gelände und schon spross das Gras in senkrechten Halmen empor.
Vor gut 20, vielleicht auch 30 Jahren hielten sogenannte Elektrostaten Einzug in den Geländebau. Mit ihnen wird heutzutage Gras aufgebracht. Mittlerweile gibt es preiswerte Geräte von Herstellern wie Heki oder Noch, freilich auch teure Profi-Begraser, deren Anschaffung sich für den einzelnen Modellbahner kaum lohnen dürfte.

Die »moderne Modellbahn« verkehrt heute auf Styrodurunterbau, wie es auf der Anlage Tonkas verwirklicht worden ist.

Die Natur »begrast« mit spürbarer Lässigkeit an all jenen Stellen, die den Beflissenen zur Kamera greifen lassen. Der nicht am Idyll interessierte Modellbahner stellt natürlich auch den Abfall im Gleis dar…

1.3.3. Bäume, Büsche und Bodendecker

Auch im Baumbau ermöglicht feines Zubehör sehr gute Ergebnisse. Hauptproblem beim Eigenbau von Bäumen war es weniger den Stamm nachzustellen, als vielmehr die Blätter, beziehungsweise die Nadeln bei Tanne oder Fichte. Es war eine Revolution, als Ende der Siebziger Schaumflocken das bis dahin übliche Sägemehl oder verwandte Stoffe ablöste und bemerkenswerte Baummodelle erlaubte. Noch feineres Schaumflockenmaterial liefert nun schon sehr gute Resultate. Aber wahrscheinlich wird es bald nochmals verfeinertes Flockenmaterial geben.

Das Baumaterial von Silhouette, um einen Hersteller feiner Gestaltungsmaterialien zu nennen, scheint momentan das Non-plus-ultra zu sein. Natürlich haben Fertigbäume dieses Herstellers ihren fraglos gerechtfertigten Preis, denn es steckt sehr viel Handarbeit darin. Mit dem Belaubungsmaterial kann man aber auch selber zu tollen Ergebnissen gelangen.

Das für Büsche früher übliche Islandmoos hat noch nicht ausgedient. Als Grundmaterial für eine weitergehende Beflockung ist es nach wie vor aktuell. Weniger empfiehlt es sich, das Moos unbehandelt in die Landschaft zu setzen. Es vertrocknet und zerfällt dann. In einer Mischung aus Wasser und Glyzerin gewälzt bleibt es lange haltbar.

Lange Zeit recht problematisch war es, Bodendecker nachzubilden. Denn vieles, was die Industrie anbot, war klobig. Heute gibt es für diesen Zweck feine Materialien wie Turf und Foliage. Was das im Einzelnen ist, wird im entsprechenden Kapitel näher erläutert.

1.3.4. Felsen und Steine

Nach wie vor kann man Steine in »haushaltsüblichen Mengen« natürlich immer noch aus der Natur verwenden. Dann entfällt eine aufwendige Kolorierung. Allerdings setzen Steine natürlich einen stabilen Unterbau voraus, der aber gerade beim heute weit verbreiteten Leichtbau nicht immer gegeben ist.

Heute gießt man seine Steine selber unter Zu-

Mal ein Blick auf eine Hauptstrecke der DB AG mit all dem Grünzeug drumherum. Die Bahn ist auch heute noch grüner als man gemeinhin glaubt.

Bodendecker beim Vorbild. Mit Foliage (siehe in Kapitel 3) lässt sich das »Kraut« sehr gut nachbilden.

Ein See aus der Faller-Seefolie. Auch heute noch hat dieses Material seine Daseinsberechtigung, denn damit lässt sich schnell ein absolut ansehnlicher See ohne Batzelei mit übel riechenden Stoffen herstellen.

hilfenahme von Kautschukformen oder stellt selbst solche Formen mit Abformmassen her. Das klingt komplizierter als es ist.

1.3.5. Wasser

Nach wie vor ist Wasser ein Tabu auf der Modellbahn, auch wenn manche Hobby-Kollegen das Gegenteil behaupten. Feuchtigkeit ist der Hauptfeind der Modellbahn, man denke auch nur an die Schadensmöglichkeiten und Gefahren, die bei Kurzschlüssen durch Wasser oder Beschädigungen am digitalen Zubehör entstehen können.

Ungefährlich ließ sich Wasser mit der »Seefolie«, gefärbtem Unterbodenschutz oder eben Harzen (hier würde ich das ungefährlich einschränken wollen in »bedenklich«, denn Harze sondern erheblich gesundheitsschädliche Dämpfe ab; die speziell für die Verwendung bei Modellbahnen angebotenen Harze zur Wasserimitation sind hingegen unbedenklich eingestuft) imitieren.

Der »moderne Landschaftsbauer« greift heute zu verschiedenen Wasserimitaten, die weitgehend unproblematisch handzuhaben sind. Beispiele dafür sind die sogenannten Water-Drops – in deutscher Sprache »Wassertropfen« – eine Art Thermo-Kunststoffpellets, die unter Wärmezufuhr flüssig werden und dann wieder erstarren. Weitere Produkte dieser Kategorie sind beispielsweise die Wassereffekte von Noch oder das Modellwasser von Busch. Ganz einfach und doch ansehnlich gelingt es auch mit Fensterfarbe Flüsschen darzustellen.

WISSENSWERTES

Gießharz als Wasserimitation

Unter Beachtung der Sicherheitshinweise (mögliche Feuergefährlichkeit der Materialien, schädliche Dämpfe) lässt sich mit Gießharz Wasser sehr gut imitieren. In der Regel wird die Masse aus Binder und Härter (je nach Hersteller unterschiedlich) zusammengemischt und wird erst dadurch gebrauchsfertig. Es wird dann in ein vorbereitetes und abgedichtetes Bachbett oder auf den Seegrund gegossen. Man sollte es besser in mehreren Schichten aufgießen, damit es nicht beim Trocknen Risse bekommt. Kurz vor dem Erstarren formt man – je nach Geschmack – Wellen oder Strudel in die Masse. Nachteilig ist der manchmal sehr lange vernehmbare Geruch des Harzes. Wenn aber einmal alles trocken ist, hat man ein nahezu unverwüstliches Wasserimitat.

1.4. Betätigen wir uns als Gärtner

Nachdem hier kurz angerissen worden ist, worum es auf den folgenden Seiten gehen soll, noch ein paar Hinweise, ehe endlich geschafft wird. Die hier zusammengetragenen Tipps hat der Autor selbst erfolgreich ausprobiert und kann sie deshalb empfehlen. Nichtsdestotrotz sei darauf hingewiesen, dass der Umgang mit manchen hier genannten Werkzeugen und Materialien durchaus Verletzungsrisiken birgt. Man sollte deshalb mit der nötigen Umsicht zu Werke gehen (spezifische Gefahrenhinweise erhält der Leser beim jeweiligen Produkt und den zugehörigen Verarbeitungshinweisen) und zudem nur ausgeruht werkeln.

1.4.1. Ein paar »Lehrsätze«

Bei der Arbeit an diesem Buch hatte ich Kontakt zu zahlreichen Modellbahnern, darunter etliche »alte Hasen«, wie sie sich selbst bezeichnen. Ihnen verdanke ich zahlreiche Tipps und Hinweise, die als »Lehrsätze« in dieses Buch eingeflossen sind. An dieser Stelle möchte ich sie kurz auflisten, auf dass sie ähnlich segensreich wirken, wie bei den bescheidenen Landschaftsbauversuchen des Autors. Natürlich gehen wir auf diese Hinweise noch etwas ausführlicher ein, aber zunächst möchte ich sie einfach mal erwähnen.

- Vorbildsuche: Der beste Lehrmeister ist die Natur
- Sieg des Subjektiven: »Meine« Landschaft ist Ausdruck meiner Individualität.
- Austoben erlaubt: Bei der Modellbahn-Landschaft darf man gestalterisch draufloslegen und experimentieren.
- Aus für Nietenzähler: Eine Modellbahn-Landschaft kann nicht eins zu eins umgesetzt werden

Die Eisenbahn als Naturidyll ist geradezu geeignet, dem vom Modellbahnbau gestressten Hobbykollegen »runterkommen« zu lassen. Dann kann er sich mit Verve ins Thema schmeißen.

- Funktion versus »Funktion«: Eine Modellbahn-Landschaft muss zwar nicht funktionieren wie eine Lok, aber auf ihre Art muss sie auch »funktionieren«.
- Bescheidenheit versus Verschwendung: Weniger ist allzeit mehr

Dieses Buch hat sich die Ratschläge beherzigt und versucht verschiedene Wege aufzuzeigen, wie man zu seiner eigenen Modellbahn-Landschaft gelangen kann. Es will auch anregen sich einmal mit neuen Baustoffen zu beschäftigen. Dabei kann es natürlich nicht den einen seligmachenden Weg geben, sprich es gibt nicht die verbindliche einzig wahre Bautechnik. Lassen wir uns also die Freiheit den eigenen Weg zu beschreiten und dabei Freude zu haben.

Ach, ja ehe es der Autor vergisst: Da der Modellbahner nie etwas zu Ernst nehmen sollte – schließlich ist es ja eine Freizeitbeschäftigung, Hobby, und kein Beruf – sollen für dieses Buch zwei Axiome der Modellbahnerei unbedingte Gültigkeit besitzen. Nämlich: »Norm ist, was gebaut wird!« und: »Hast du was verhunzt, nenne es Kunst!«

Der Modellbahn-Landschaftsbau ist auch immer eine Einladung zur wachen Begegnung mit der Eisenbahn und dem sie umgebenden realen Grün. Gerade auf Museumsstrecken wie hier auf dem Gelände des Bayerischen Eisenbahnmuseums in Nördlingen (BEM) lassen sich viele Motive finden, die zur Nachgestaltung geradezu einladen.

2. Planung der Landschaft

Es ist verständlich, dass man endlich, endlich zur Tat schreiten und mit Gips und Farben loslegen will. Geduld ist aber eine Tugend, die zu üben gerade beim Modellbahnbau bessere Ergebnisse liefert als die übliche Hektik, mit der man heutzutage seine Dinge erledigen muss. In diesem Kapitel geht es demnach darum, die ersten Schritte beim Landschaftsbau zu systematisieren, also zu planen. Dann geht es schon mit ersten Entwürfen und deren Umsetzung los.

2.1. Landschaftsbau-seminare

Der Landschaftsbau-Lehrer des Autors stammt aus dem Bayerischen und bittet darum, hier namentlich nicht genannt zu werden. Schade, aber wenn er es so will… Ich habe bei ihm mehrere Seminare besucht und kann solche Veranstaltungen nur empfehlen. Gewiss kosten sie ihr Geld, die dabei vermittelten Informationen und das erworbene Wissen zahlen sich aber nachher umso ertragreicher aus, gerade im Hinblick auf teure Zubehörmaterialien, die man ganz ohne Wissen eben allzu leicht verhunzen kann. Meines Wissens bieten manche Modellbahn-Landschaftsbau-Zubehörhersteller immer wieder mal solche Seminare an. Da dabei auch für das leibliche Wohl gesorgt wird, kann man eine solche Veranstaltung auch ohne Überlebenspaket durchstehen. Und da man das dabei selbst erbaute Landschaftsstück mit nach Hause nehmen darf, hat man auch Trophäen dabei um Zweifler und Kritiker in die Schranken zu weisen.

In der Regel wird es wohl so sein, dass man das Erlernte zu Hause umzusetzen sucht. Ansonsten macht ja ein solches Seminar keinen Sinn. Daher beschreibe ich hier einen gangbaren Weg zu einer Modellbahn-Landschaft zu kommen. Freilich gibt es zahlreiche solche Wege. Einer wie auch immer gearteten »Schule« das Wort zu reden ist meine Absicht nicht. Das Leben ist schon viel zu sehr kategorisiert, eingeteilt und in Schubladen geordnet um diese Unsitte auch für die Freizeitbeschäftigung zu übernehmen.

2.2. Der Natur zugeschaut

Der wohl wichtigste Tipp für denjenigen, der sich mit dem Gedanken trägt seine Modellbahn-Landschaft zu verbessern oder gar erst eine selbst zu bauen: In diesem Bereich

Landschaftsbau-Seminare können empfohlen werden, lernt man doch dort nicht nur Bauweisen sondern auch nette Hobbykollegen kennen. Man muss ja nicht mit dem alten VT 62 anreisen.

Das Bild veranschaulicht mehr als Worte den Gegensatz menschliche Hektik und geduldige Natur. Das Kraut im Vordergrund scheint sich gar nicht um die vorbeibrausende 225 mit ihrem Pendlerzug zu kümmern.

ist noch wichtiger als bei den Modellfahrzeugen oder Bausätzen sich die Natur zum Vorbild zu nehmen. Dort findet man die besten Anregungen.

2.2.1. Geduld – Natur kennt keine Hektik

In der Natur geht nichts in menschlicher Hektik vor sich. Beim Nachgestalten lässt man sich ebensoviel Zeit. Einer mit Ungeduld und unter Zeitdruck erbauten Landschaft wird es immer anzusehen sein, wie sie entstanden ist. Gerade der Umgang mit modernen Materialien beansprucht Zeit und Geduld – wir weisen bei den entsprechenden Stellen gesondert darauf hin.

2.2.2. Natur als Vorbild

Von einem Ausflug oder einer Reise hat man sich zahlreiche Fotos mitgebracht. Die eine oder andere Szene möchte man auf seiner Anlage nachgestalten. Der Weg vom Vorbild zum Modell ist aber nicht ganz so leicht zu

Das Foto zeigt, was der Autor mit »Eisenbahn in der Landschaft« meint. Das »Arrangement« wirkt gewachsen, auch wenn es Teil einer Kulturlandschaft mit gehegter Natur ist. Auch wenn man die Großzügigkeit des Motivs zuhause wahrscheinlich nicht umsetzen kann.

Auch ein wenig aufregendes Bild wie diese Eisenbahnbrücke über die obere Donau kann zur Nachgestaltung im Modell anregen. Das Wesentliche dieses Motivs ist die »Unaufgeregtheit«, es zeigt eben, dass der Verzicht auf irgendwelche Extreme eine der wichtigsten Modellbahn-Leitsätze ist.

beschreiten, denn eine exakt maßstäbliche Umsetzung ist nicht möglich (die Dimensionen sind nicht übertragbar. Hierzu siehe auch unten).

Das erstrebenswerte Ziel einer »Eisenbahn in der Landschaft« ist nur wenigen möglich, der Platz macht uns einen Strich durch die Rechnung. Man kann natürlich auf kleinere Maßstäbe ausweichen, wo dieses Ziel leichter umsetzbar erscheint. Was aber, wenn man schon eine H0-Bahn besitzt?

Wichtiger in diesem Zusammenhang erscheint aber, dass die genannten Fotos weniger als genaue Vorlage zu sehen sind. Sie dienen vielmehr als Anregung für eigene Motive und Gestaltungen.

Dabei können auch beispielsweise Bildbände älterer Eisenbahnfotografen gute Anregungen liefern – selbst wenn diese Fotos schwarzweiß gehalten sind. Der guten Wirkung tut das keinen Abbruch. Betrachtet man sich Aufnahmen der alten Meister, erkennt man die Mühe, die bei der Bildkomposition aufgewendet worden ist. Ein Bellingrodt-Bild beispielsweise zeigt nicht nur einen Zug/eine Lokomotive in ihrer Epoche, sondern stets auch die umgebende Landschaft in ihrer typischen Erscheinung. Das ist fraglos eine Kunst.

Eine Kunst, die sich der Landschaftsbauer zunutze machen kann. So wie der Fotograf eine Bildsituation ausgewählt hat, die ihm als charakteristisch für die Region erschien, kann es auch der Modellbauer halten. Extreme aber wurden von den alten Fotografen stets vermieden, und so hält es auch der Landschaftsbauer.

2.2.3. Etwas Landschaftsbau-Philosophie

Davon abgesehen lassen sich einige Richtlinien für die Gestaltung einer Modellbahn-Landschaft aufstellen. Diese Gestaltungstipps sind nicht als Dogma gedacht, sondern als Hilfen für den Modellbahn-Landschaftsbau. Es sind sozusagen Aussagen über bestimmte Grundregeln des Landschaftsbaus. Wiederum ist alles von der Natur abgeschaut.

2.2.3.1. Größenverhältnisse – Proportionalität

Szenen aus der Natur kann man aufgrund der realen Größenverhältnisse nicht eins zu eins auf das Modell übertragen. Das ist klar. Man leistet vielmehr einen kreativen Übertragungsprozess der gewünschten Szene auf Modellverhältnisse. Man spricht dabei von den gewahrten Proportionen, also Größenverhältnissen.

Ein Beispiel soll verdeutlichen, was mit den Proportionen einer Landschaft gemeint ist. Angenommen, eine Burg soll den Abschluss einer Anlage nach hinten darstellen. Aufgrund der Gegebenheiten auf einer Modellbahn kann sie ja nicht auf einem mehrere Meter hohen Felsvorsprung stehen, sondern ruht weitaus niedriger auf einer viel kleineren Felsnase über beispielsweise dem Dorf.

WISSENSWERTES

Proportionen auf Modellbahnanlagen

Der Begriff Proportionen leitet sich vom lateinischen »proportio« ab, was soviel heißt wie »das entsprechende Verhältnis« von Dingen zueinander. Diese Dinge müssen aber stets miteinander in Beziehung stehen. Es gibt, beispielsweise in der Architektur, Regeln, die die Verhältnisse der Formen und Maße eines Gebäudes zueinander formen. So weit wollen wir nicht gehen, wir Modellbahner überlassen es unserem Gefühl, die Proportionalität einer Landschaftsszene zu beurteilen.

Steht diese Burg nun zehn Zentimeter oberhalb der Dachfirste des Dorfs zerstört sie die Proportionen. Ihre Präsenz, ihre schiere Masse »erschlägt« in dieser Szene jede gute Wirkung. Sie ist einfach zu groß.

Welche Auswege bieten sich, die Proportionen zu wahren? Man könnte nun eine wesentlich kleinere Ruine aufstellen, die die Szene nicht optisch erschlägt. Oder man

Beispiel misslungener Proportionalität: Die Brücke »erschlägt« alles um sie herum. Besser wäre es gewesen die Strecke verdeckt zu führen; zudem sitzt die Hintergrundkulisse zu tief, die Bergspitzen zerstören das ganze Motiv – hier wäre allein eine Seilbahn gerechtfertigt...

Eine ältere Aufnahme: Im Hinblick auf die Proportionalität sehr viel gelungener wirkt dieses Motiv. Die Kulisse passt zum Fachwerkdorf, die Gebäude »erschlagen« nicht ihre Umgebung; allenfalls sind die Bäume vielleicht etwas zu niedlich ausgefallen.

Zunächst wieder ein Negativbeispiel: Die massive Felswand im Hintergrund lenkt den Blick des Betrachters unwillkürlich vom Vordergrund ab. Zu massig erscheint das Grau und beeinträchtigt die Vordergrundgestaltung zu deutlich.

Schon besser: Der Fels wirkt hier nicht nur »artgerecht«, sondern hält sich auch von der Masse zurück. Etwas auflockerndes Grün nimmt dem Motiv weiter an »Massigkeit«.

baut eine kleine, schroffe Felsnadel als optischen Aufheller und lässt die Burg ganz weg. Ziel ist es eine harmonische Wirkung zu erzielen und keine Extreme nachzubilden.

Ein anderes Beispiel: Eine schroffe Felsformation soll einen Abschluss der Anlage nach hinten bilden. Eine zu massige Felswand erschlägt uns wieder die Proportionen, ebenso, wenn sie zu hoch ausfällt. Man muss die Größenverhältnisse der Realität gefühlvoll umsetzen und verkleinern, ohne zu verniedlichen.

Eine Normierung dafür gibt es nicht, man muss da sein Gefühl und sicher auch seinen persönlichen Geschmack walten lassen. Festzuhalten bleibt, dass eine reale Szene für den Nachbau auf der Anlage behutsam angepasst werden muss. Es geht also darum, die Dimensionen zu verkleinern, zugleich aber die Proportionen zu wahren; siehe dazu auch die Ausführungen weiter unten unter »Kompromissfähigkeit«.

2.2.3.2. Deckungsgleichheiten vermeiden

Wer sich in der freien Natur umschaut, entdeckt so gut wie nie Spiegelgleichheiten (Symmetrien). Ein Baum, ein Wäldchen mag dem anderen auf den ersten Blick gleichen, aber kein Baum, kein Wäldchen entspricht dem anderen; das gilt auch für den Ort, an dem sie wachsen, und das gilt für die Natur als Ganzes.

Mit zu den Spiegelgleichheiten rechnet man mittig durch eine Szene führende Linien, also Linien, die einen Bereich optisch teilen. Das können Gleise sein, das kann auch eine Straße sein. Besser wirkt es immer, etwa Gleise nicht genau in der Mitte eines Anlagenteils zu führen, sondern etwas zur Seite zu verschwenken.

Stellen wir uns solche Spiegelgleichheiten auf der Anlagenlandschaft vor: Es kann sich keine zufriedenstellende Wirkung auf einem Anlagenteilstück einstellen, wenn dort beispielsweise Wäldchen als ganzes oder einzelne Bäume allzu regelmäßig verteilt sind.

Symmetrien beim Bewuchs: Die Bäumchen sind zu gleichmäßig verteilt und in ihrer streng symmetrischen Bauweise bringen sie zusätzliche Regelmäßigkeit ins Motiv, die wir gar nicht wollen.

Ein Blick auf die Natur verdeutlicht, dass die Natur Vielheit in der (scheinbaren) Einheit darstellt: Zwar erscheint der Waldrand als ein Ganzes, aber beim genaueren Hinsehen unterscheiden sich alle Bäume allein schon im Grün voneinander.

Ebenso abzuraten ist von als Kulissenbegrenzern Burgen oder Felsen, wenn diese symmetrisch die Anlage links und recht begrenzen. Warum nicht links im Hintergrund eine Burg und rechts dafür im Vordergrund ein schroffer Felsen?
Spielen kann man auch mit Größen, etwa wenn Wälder eine Szene begrenzen sollen. Man stellt links ein größeren Wald dar, rechts dafür nur eine Baumgruppe; oder links Altholz und rechts einen aufstrebenden Jungwald usw.
Wichtig ist nur, dass sich keine optischen Deckungsgleichheiten ergeben.
In diesem Zusammenhang sei ergänzend festgehalten, dass auch Parallelen und rechte Winkel in der Landschaft nach Möglichkeit vermieden werden (Kunstbauten natürlich ausgenommen). Denn sie kommen da draußen auch nicht vor. Der rechte Winkel im Landschaftsbau wirkt immer gekünstelt und unnatürlich. Entsprechend »fremd« wirkt der gestaltete Grund und Boden.
Parallelen vermeidet man auch beim Bau des Gleisbetts, das nicht parallell zur Anlagenkante verlaufen sollte. Bei der Landschaft versteht man unter Parallelen die Verteilung der Bauelemente auf einem Anlagenteilstück. Das betrifft beispielsweise die Aufstellung von Bäumen, die man nicht gleichmäßig aufstellt, sondern in natürlichen Gruppen. Und auch diese Gruppen bestehen nicht aus lauter gleich hohen Bäumen. Die Verteilung muss wie zufällig wirken, jede Regelmäßigkeit verbietet sich von selbst.

2.2.3.3. Keine Extreme

Wie bereits mehrfach erwähnt, vermeidet es der Landschaftsbauer landschaftliche Extreme darstellen zu wollen. Die Zugspitze scheidet ebenso aus wie die Nordsee als Ganzes. Aber Scherz beiseite. Gemeint ist, dass eine landschaftliche Harmonie gewährleistet bleiben muss um nachher eine gute Wirkung zu erzielen.
Wie erreicht man die gewünschte landschaftliche Harmonie? Starke Steigungen

Ein zu vermeidendes Extrem ist die Tunneleinfahrt mit statisch bedenklichem Überbau.

Um wieviel glaubhafter wirkt diese Szene: Keine Extreme sondern ruhige Gestaltung charakterisieren dieses Motiv.

und Gefälle in der Landschaft werden ebenso vermieden wie ausgedehnte Ebenen mit plötzlichen, eigentlich überflüssigen Tunnels. Die Ebenen rühren meistens von der Verwendung einer Grundplatte her, eine vorbildnahe, abwechslungsreiche Wirkung der Landschaft kann sich da kaum oder nur mit Aufwand einstellen.
Natürlich ist jetzt gegen eine kurze kräftige Steigung nichts einzuwenden, aber sie muss motiviert sein und nicht völlig unmotiviert aus harmloser Ebene sich plötzlich gen Himmel aufschwingen.

2.2.3.4. Kunst des Weglassens

Es passt nicht, wenn der gelungene Baum Tannenzapfen trägt, die größer als der Kopf des Jägers sind, der da durch den grünen Tann pirscht. Ehe man solche gewiss gut gemeinten Details nachstellt, lässt man sie lieber weg.
Weniger gut wirkt auch das Motiv, das zu viel auf zu engen Raum wollte. Diese Form der Überladung lässt ein solches Motiv rasch ins Kitschige, Spielzeughafte abgleiten. Wiederum ein Beispiel: Bei der Darstellung einer Waldlichtung reicht zum Beispiel ein Reh, um das vielfältige Grün des Waldrands noch zu beleben. Da muss man nicht noch Fuchs und Has‘ platzieren. Die beiden können sich besser an anderer Stelle Gut‘ Nacht sagen.
Ein anderes Beispiel wäre der überbevölkerte Teich mit mehr Anglern als Fischen und einem Ruderboot und einer Yacht und vielen Badenden (nebst abgetrenntem FKK-Bereich) und einem Sprungturm und Wasserskifahrern und natürlich muss da auch noch ein Ausflugsschiff sein und rechts hinten wird im ausgedehnten Kieswerk Kies gewonnen. Bewusst übertrieben, aber das Gemeinte ist klar: Zu viel wirkt selten gut.
Auf eine Landschaft übertragen heißt das das Gleiche. Ein Motiv wirkt durch seine Beschränkung auf wenige, aber gut platzierte Details. Mit einem Zuviel an Details zerstört

Ein Beispiel aus der Natur zeigt, dass die Unaufgeregtheit wesentliches Gestaltungsmerkmal dieses Streckenabschnitts ist. Ein paar wenige verteilte Details verleihen der Szenerie noch genügend Leben.

man sich die gute Wirkung eines einfacheren Motivs. Auch hier ein Beispiel: Ein einzelner Baum wirkt beispielsweise durch seine knorrige, wettergegerbte Form. Er benötigt nicht noch einen mit Getier und Pflanzen übervollen Boden drumherum.

2.2.3.5. Unverwechselbare Einzelszenen

Mit unter diese Rubrik fällt die korrekte Verteilung der Detailausstattung einer Landschaft. Es wirkt nicht gut, wenn zahlreiche einzelne Szenen die Anlage zupflastern, die zudem gleichmäßig über das ganze Teilstück verteilt sind. Zudem gesellt sich bei einer solchen Fülle ein ungewollter Effekt: Die vielleicht durchaus großzügig geplante und gebaute Anlage wirkt durch die vielen Szenen plötzlich fieselig und kleinräumig. Weniger wäre mehr gewesen.

2.2.3.6. Aufteilung in Motive

Besser ist es, sich bei seinen Motiven auf wenige, dafür gut durchgestaltete, aber

Es genügt bei dieser Szene vor dem Lokschuppen ein paar Leute um den offensichtlich kaputt gefahrenen Prellbock zu platzieren. Die Aussage ist schon interessant genug, noch mehr »Auflauf« würde nicht gut wirken.

WISSENSWERTES

Einzelmotiv – eine erzählte Geschichte

Bei der Gestaltung eines in sich geschlossenen Einzelmotivs wird eine Geschichte erzählt. Ein Beispiel: Auf den ersten Blick ist in unserem Bild nur ein Traktor auf einem Feldweg zu sehen. Blickt man genauer hin, sieht man nicht nur den Landwirt auf seinem Traktor, sondern Hasen, die vom Lärm des herannahenden Gefährts aufgeschreckt ins Grünzeug geflüchtet sind. Eine eigentlich wenig spektakuläre Szene am Brückenpfeiler beispielsweise lässt sich durch eine solche Motivik in der Wirkung aufwerten.

Ein aufgebrachter »Wut-Hase« stellt sich dem lärmenden Traktor entgegen! Klein und unscheinbar, doch in seiner Zurückhaltung gerade deswegen gelungen.

eben nicht überladene Einzelmotive zu beschränken. Man achtet darauf, dieses Einzelmotiv in sich geschlossen darzustellen.

2.2.3.7. Gruppenwachstum

Es ist schon weiter oben erwähnt worden: Bäume, Büsche und Bodendecker wirken erst in der Gruppe richtig gut. Ausnahme: Der Solitärbaum, mit dem sich bewusst Stimmungen – siehe weiter unten – erzielen lassen. Das heißt also man setzt Bäume und Büsche immer in natürlichen Gruppen; der einsame Busch auf weiter Flur wirkt deplatziert und spielzeughaft, der allein stehende Baum muss eine entsprechende Größe haben, um dieser Szene Substanz zu geben.

2.2.3.8. Szenendynamik

Man könnte diesen Punkt vielleicht auch anders umschreiben: »Wo es aufhört, muss es auch weitergehen«. Was da so nach optimistischer Aufbruchsstimmung klingt, ist im Zusammenhang mit der Sinnhaftigkeit eines

Zur Abschreckung zunächst wieder ein Extrem: Auch wenn es offenbar vorbildgerecht ist, wuchert man sein Industriegleis nicht so zu. Davon abgesehen: Das Buschwerk ist natürlich nachahmenswert wachsend.

Aaaaah! Diese beiden »modernen Bäume« mit Bodendeckern und Grünzeug belegen, wie gut eine Baumgruppe wirken kann.

So soll es sein: Das Lagerhaus im Vordergrund ist über eine Straße an die große weite Auto-Welt angeschlossen worden.

Motivs gemeint. Das heißt, der Güterschuppen sollte über wenigstens einen Schotterweg an das Verkehrsnetz angeschlossen sein, die Holzverladung braucht einen Zufahrtsweg.

Verallgemeinernd ist damit gemeint, dass ein Motiv stets wie ein Ausschnitt aus einer gegebenen Situation wirken sollte; wie mit dem Spaten herausgestochen und auf die Anlage gepflanzt. Wenn der genannte Güterschuppen zwar höchst detailliert dargestellt ist und auch die Szenerie liebevoll gestaltet ist, die Zufahrt aber fehlt, stößt sich das betrachtende Auge daran und man merkt, dass da etwas nicht stimmt – und ist verstimmt.

2.2.3.9. Absolute Maßstäblichkeit

Der Modellbahnbereich hat zahlreiche Facetten, auch recht unangenehme Begleiterscheinungen wie Modellhuber und Nietenzähler, die ihre Sicht der Dinge anderen Leuten toleranzlos überstülpen wollen. Im

»So eine feine Szene und dann baut er einen blauen Flaschenputzerbaum ein, tz tz!«, wird da gemotzt. Motzen lassen, wenn es dem Modellbauer so gefällt, dann macht er das eben. Basta!

Landschaftsbaubereich dürfte es solche Leute nicht geben, oder doch?

Wenn man davon ausgeht, dass der Nietenzähler im Modellbahn-Landschaftsbaubereich anfängt die Blätter an Modellbäumen zu zählen, dann gibt es ihn auch hier. Er kann doch sogar darauf hinweisen, dass die bei Modellfahrzeugen aufgrund der Funktionalität hier und da vorhandenen Kompromisse im Hinblick auf die Maßstäblichkeit bei Landschaftsbaumaterialien nicht vorhanden sein müssen. Diese müssen ja schließlich nicht funktionieren. Landschaftsbaumaterial müsse demnach maßstäblich sein – ganz gleich wie Tannenzapfen in H0 aussehen mögen.

Soll er. Aber man kann ihm gleich den Wind aus den Segeln nehmen: Gottlob gibt es im Landschaftsbaubereich keine Normen wie bei den Modellfahrzeugen. Und das ist auch ganz vorbildgetreu: Die Natur lässt sich nun mal nicht normieren, eine wie auch immer geartete »objektive Umsetzung« mag durchaus machbar sein (inklusive der Tannenzapfen im Maßstab 1:87). Aber ist das überhaupt erstrebenswert?

Apropos nicht genormte Natur: Diese Normfreiheit – auch in der Gestaltung – dürfen wir ungestraft auf unser Modell übertragen. Der Landschaftsbau ist eine der letzten Domänen der Modellbahn voll freier Baulust ohne einem die Laune verderbender Vorgaben – von erstrebenswerter naturnaher Gestaltung einmal abgesehen.

Gerade beim Landschaftsbau ist die eigene Inspiration, die eigenen Anschauung grundlegend. Dieser Baum oder diese Situation am Bach, die ich nachstellen will, muss mir gefallen – und sonst niemand. Mein von mir selbst gestalteter Modellbaum ist meine ureigenste Interpretation des Themas »Baum« – mit aller Freiheit.

Das macht das Thema ja auch so sympathisch, und erinnert man sich an die eingangs erwähnte These, dass der Landschaftsbau zu den beliebtesten Tätigkeiten beim Anlagenbau zähle? Es ist anzunehmen, dass diese Gestaltungsfreiheit das Landschaftsbauen so beliebt macht.

Nun wird der Nietenzähler einwenden, dass er sehr wohl erkennen könne, ob ein Modellbaum wie ein echter Baum aussieht oder eben nicht. Es gebe also doch Normen. Da es keinen Sinn macht, mit solchen Leuten zu streiten, geben wir uns weise: Es mag Modellbäume geben, die gut wirken, und sicher auch solche, die nicht unbedingt der Modellbaukunst Zierde sind. Aber bitte schön, schaut man sich draußen um, gibt es dort doch auch gerade gewachsene Bäume und natürlich auch eher krumme, zerzauste Winzlinge. Ist denn letzteres nicht vorbildgerecht (und damit »echt«)?
Der Modellbauer hat die Freiheit auch sein vielleicht missglücktes »Modellgewächs« als Busch irgendwo zu platzieren. Es gibt eben keine falschen Modellgewächse.

Und in ebendemselben Maß gilt es beim Landschaftsbau eben auch, dass es nicht den einzigen richtigen Weg zum Ziel gibt. Es gibt zahlreiche Techniken, die alle zu einem Ziel führen, mal geradlinig, mal eben über Umwege. Der Landschaftsbauer ist gehalten sich anregen zu lassen um seinen eigenen Weg zu ansprechenden Naturbauten zu finden. Ganz frei und ohne Korsett normierender Vorgaben.

2.2.3.10. Kompromissfähigkeit

Der Landschaftsbauer muss kompromissfähig sein. Die eins-zu-eins-Umsetzung eines Baums ist, wie aus den eben genannten Ausführungen erhellt, nicht unbedingt erstrebenswert, weil man sich dabei zu sehr einschnürt.
Aber das lässt sich auch handfest belegen. Aufgrund der Proportionalität lässt sich die absolute Maßstäblichkeit beim Landschaftsbau nicht einhalten. Das kann man selbst

Ein Bild aus dem Horrorkabinett des Baummodellbaus soll das nicht sein, wenn gleich die drei Gewächse (und die Figur) schon älteren Produktionsdatum sind. Aber man muss doch zugeben, dass alle drei als »Bäume« zu erkennen sind, oder? Wem es nicht gefällt, der versteckt solche Bäume irgendwo im Waldesinneren, so nur die Krone zu sehen ist.

Das bereits bekannte Bild der Donaubrücke soll das Gesagte belegen: Ein Riesenbaum würde das ruhige Motiv in seiner Modellnachgestaltung sicherlich »erschlagen«, also in der Wirkung nachteilig beeinflussen.

ausprobieren: Positionieren wir einen sehr hohen, aber wohl maßstäblichen Baum neben einem Gebäude, so wird einem das Arrangement nicht gefallen. Warum? Der Baum wirkt viel zu groß und zu mächtig, er »erschlägt« das Bauwerk. Erst ein kleinerer Baum verleiht dem Arrangement ein harmonisches Gepräge.
Es macht keinen Sinn ein Mittelgebirge wie den Spessart im Hobbyraum maßstäblich darstellen zu wollen und einen Sieben-Meter-Hügel aufschütten zu wollen. Dieses absurde Beispiel skizziert genau das Problem: Die Modellbahn-Landschaft kann niemals ein maßstabsgetreues Abbild der Wirklichkeit sein.

Wichtiger für das Gefühl einer gelungenen Landschaftsdarstellung sind andere Parameter: etwa ein stimmiger Gesamteindruck des Erbauten. Dafür gibt es einige Maßstäbe und beschreibende Begriffe, die sich festhalten lassen.

2.2.3.11. Optische Korrektheit

Eine Landschaft befriedigt, wenn sie optisch korrekt wirkt. Ein Beispiel: Sehr viel wichtiger als ein maßstäblich umgesetzter Baum ist, dass er wie ein Baum aussieht, dass man also einen Baum als solchen erkennen kann, dafür gibt es bestimmte Kategorien wie Stamm, Äste, belaubt, grün. Das gilt auch für die bestreuten Holzklötzchen aus Großvaters Modellbahnbau – das war auch als Baum erkennbar und deshalb wurde es ja auch so und nicht anders gemacht.
Den Begriff optischer Korrektheit darf man allerdings nicht mit den gestiegenen Ansprüchen an heutige Modelle vermengen oder verwechseln.
Ein anderes Beispiel: Häuser sollten im Höhenmaßstab stimmen, denn hier stellen Figuren einen absoluten Vergleichsmaßstab dar. Stößt sich die Figur beim Eintreten in das Haus das Haupt, merkt jeder, dass das Haus etwas zu niedlich ausgefallen ist – und ist je nach Temperament verstimmt.

2.2.3.12. Romantik der Modellbahn

Welcher Modellbahner ist nicht auch irgendwo Romantiker. Diese Form einer Sehnsucht

WISSENSWERTES

Modellbahn-Romantik

Wir betrachten hier allein den Landschaftsbau, gemütlich puffende Lokalbahnzüglein lassen wir außen vor. Ohne jetzt allzu sehr theoretisieren zu wollen, wohnt allem als romantisch erachteten ein Hang zum Träumerischen inne. Es geht dabei um das Recht der Phantasie, um schwärmerische, malerisch-stimmungsvolle Naturbilder, beispielsweise ein wilder Bach, ein verschwiegener See oder eine dramatische Felsstruktur. In dieser Form einer Modellbahn-Romantik wird das individuelle Naturgefühl spürbar, auch das historische Bewusstsein spielt eine Rolle und bezieht beispielsweise eine zerfallende Scheune unter dem zerzausten Baum mit ein.

verleiht Landschaften einmaligen Charakter. Zeit festzustellen, was das überhaupt ist. Beispiele wurden im Kasten genannt.
Es ist in jedem Falle dankbar, solche charaktervollen Motive auf der Anlage nachzustellen, ihre Wirkung ist besonders und verleiht der Landschaft einen geheimnisvollen Hauch. Wie kommt man auf solche Motive? Indem man sich die Natur zum Vorbild nimmt.

2.2.3.13. Stimmung

Von der Romantik ist es nicht weit zur Stimmung, also der ganz bewusst erzeugten Atmosphäre auf einer Anlage. Eine Industrieszene – es gibt auch eine stimmungsvolle Industriemotivik – verleiht der Anlage eine unverwechselbare Stimmung wie es auch eine wildromantische Strecke im Gebirge macht. Man kann ganz bewusst Stimmungen erzeugen – freilich zum Vorteil der Landschaftswirkung.

2.2.3.14. Prinzip der Spannung

Das ist eines der wichtigsten Gestaltungsprinzipien beim Modellbahn-Landschaftsbau. Dabei geht es wieder um einzelne Szenen und die zwischen ihnen bestehenden Beziehungen.
Ein Beispiel soll das illustrieren: Da steht eine Scheune, dort ein Baum, beide weit voneinander entfernt und damit langweilig. Zwischen beiden Motiven entsteht die gewollte Spannung, sobald sie in einem Motiv zusammengefasst werden können. Rücken wir den Baum als Schattenspender nah an die Scheune, so dass vielleicht sogar ein romantisches Motiv entsteht, erzeugen wir die gewünschte Spannung.
Möchte man sich denn da nicht an einem warmen Sommertag in den Schatten legen? Die »Landschaftsbau-Spannung« ist also zu verstehen als ein Reiz, Neues zu erfahren und insbesondere Verborgenes kennenzulernen.

Auch ein Arrangement ohne offensichtlichen Naturmaterialieneinsatz kann Stimmung erzeugen: Fachwerk-Bahnhof und Lokalbahnlok verdichten die Szenenatmosphäre zur beschaulichen Nebenbahnromantik.

Wirkt noch etwas langweilig, wenn der Baum da zu weit weg von der Scheune steht.

Schon erzeugt der Modellbahner Stimmung im positiven Sinne. Der schattenspendende Baum verleiht durch seine Nähe zur Scheune die gewollte Spannung und lädt den Betrachter zur Entdeckungsreise ein.

2.2.4. Vorüberlegungen

Einfach drauf loszulegen führt wahrscheinlich nicht zum gewünschten Erfolg. Obwohl: Es gibt schon Genies, die ohne Plan ansprechende Modellbahn-Landschaften hinbekommen. Drum: Wer sich berufen fühlt, der wirke nun. Wir anderen planen erst mal. Ist sicherer.

Planung! Planung? Wie eine Modellbahn geplant wird, ist Inhalt beispielsweise des Transpress-Buchs »Modellbahnanlagenplanung«. Dort geht es im Wesentlichen um die Gleisplanung. Hier wollen wir jetzt aber eine Landschaft planen, das ist etwas ganz anderes.

2.2.4.1. Gedanken zum Entwurf

Gehen wir konkret an einen Entwurf. Was spielt dabei eine Rolle? Meistens will man viel zu viel darstellen. Eine nicht überfüllte, großzügig wirkende Landschaft ist immer die bessere Alternative. Dann fertigt man sich Skizzen an. Und einer, der nicht so gut zeichnen kann? Der greift vielleicht zu einem PC-Planungsprogramm, mit dem er Landschaftsszenen gestalten kann.

> **WISSENSWERTES**
>
> **PC-Planungsprogramm Landschaft**
>
> Die meisten PC-gestützten Planungsprogramme sind in der Lage eine Landschaft zumindest grob darzustellen. Das genügt für eine erste Planung. Man kann auf diese Weise ohne Papierberge die Wirkung einer Szene ausloten. Passt sie in die Anlagenmotivik? Passt sie an dieser Stelle oder stelle ich mir damit eine bestimmte gewünschte Perspektive zu? Wirkt der Entwurf harmonisch? Etc.

Wichtig ist, dass die Ideen in irgendeiner Form festgehalten werden. In unserem Beispiel ist ein Teilstück einer Anlage noch völlig ungestaltet. Problem an dieser Stelle: Es gibt eine erhebliche Höhendifferenz zwischen dem zu gestaltenden Teil und dem bereits vorhandenen.

Nach langem Herumüberlegen hat sich der Erbauer mit sich selbst schließlich auf ein Motiv geeinigt: Es soll ein kleines Sägewerk an einem Bach und inmitten viel Grüns dargestellt werden. Dieses Motiv macht – juhu! – auch einen Bahnanschluss glaubhaft. Nachdem große Teile der Anlage konventionell, also mit Gipsbinden auf Fliegendraht entstanden sind, sollen hier nun neue Materialien ausprobiert werden.

Die Entscheidungen über Epochen und Thema der Anlage lassen wir außen vor, weitergehende Überlegungen hierzu finden sich beispielsweise im Transpress-Buch »Modellbahn-Anlagenplanung«.

2.2.4.2. Sommer oder Winter?

Eine wichtige Vorüberlegung aber ist die Jahreszeit, in der die Anlagen spielen soll.

> **WISSENSWERTES**
>
> **Jahreszeitliche Gedanken**
>
> Manche Anlagen zeigen ein jahreszeitliches Sammelsurium blühender und karger Bäume, Hauptsache es ist bunt, weil man Buntes mit Lebendigkeit verwechselt. Das muss im Ergebnis den Betrachter verwirren. Betrachtet man die Natur zu einer und nur einer Jahreszeit, so ist der Farbeindruck stets harmonisch. Das heißt da plärrt kein rotes Herbstlaub neben sattgrüner Wiese. Meist stellen Modellbahner den Sommer nach, weil das eben die lebendigste und wärmste Jahreszeit ist. Wichtig ist also, sich vorab Gedanken zur Jahreszeit zu machen und damit Fehlgriffe bei der Pflanzenauswahl zu vermeiden.

2.2.4.3. Landschaftscharakter

Geht man davon aus, dass die Strecke und deren Verlauf, vielleicht auch das Anlagenthema festgelegt worden ist, widmet man sich dem Landschaftscharakter.

Die Fragen lauten daher ganz einfach:

- In welcher Landschaft spielt meine Anlage?

Beispielsweise an der See oder im Mittelgebirge? Dabei vermeidet man aber landschaftliche Extreme. Ein Motiv an der See oder im Mittelgebirge mag angehen. Aber niemals beides zusammen auf einer Anlage,

Im Hinblick auf die Farbgebung ist dieser Anlagenausschnitt als gelungen zu betrachten: Die Bäume und Gewächse erscheinen in nachvollziehbaren Grüntönen, es gibt keine jahreszeitlichen Überschneidungen.

denn das gibt es in der Natur auch nicht. Das hat mit übertriebener Vorbildtreue nichts zu tun. Solche Extreme zerstören einfach den besten Eindruck.

- Welchen Charakter soll die Landschaft haben?

Stellt die Landschaft also eher unvermeidbares Beiwerk dar oder soll sie die Hauptrolle spielen?

Beim Planen spielen noch weitere Überlegungen eine Rolle. Da in Wirklichkeit ja die Landschaft vor der Bahn da war, sollte man das auch im Modell verspüren. Ein negatives Beispiel wäre jener Tunnel, der sich da in ebenem Gelände völlig unmotiviert über die Bahn stülpt. Oder jene Tunneleinfahrt in einen Berg, den man doch viel leichter umfahren hätte.

Es macht auch keinen Sinn Brückenbauwerke auf freier Strecke übereinander zu stapeln. All das kommt in Wirklichkeit nicht (sagen wir besser kaum) vor und wirkt auch im Modell wenig glaubhaft. Und eben diese Glaubhaftigkeit des Modells ist es, die in uns Zufriedenheit mit dem Werk auslöst.

Die Landschaft muss so aussehen, als habe die Bahn gar keine andere Möglichkeit gehabt, an dieser oder jener Stelle die Natur auf eben diese eine Weise zu meistern. Man kommt an dieser Stelle nicht umhin, es als Kunst zu bezeichnen, die Landschaft so zu gestalten, dass der Willen des Modellbahner eben nicht auf Anhieb erkannt wird. Es muss halt so aussehen, als ob die Kompromisse, zu denen man als Modellbahner schon wegen der beschränkten Ausmaße unserer Hobbyräume und -ecken gezwungen wird, eben durch die Landschaft vorgegeben worden ist.

Ein Beispiel: Die Strecke knickt plötzlich ab und führt in die andere Richtung weiter (weil da der Modellbahn-Unterbau aufhört). Da muss man seine Phantasie anstrengen und sich überlegen, was alles diesen Knick

Brückenbauwerken muss man ihre »Notwendigkeit« ansehen. An dieser Stelle hatte die Bahn gar keine andere Möglichkeit den Einschnitt zu überwinden.

Natürlich beachtet man die passenden Größenverhältnisse beim Landschaftsbau in ausreichendem Maße; im Hinblick auf die Modellauswahl hat das ebenfalls Auswirkungen. Im Rampendienst kann ich meinen Brummdiesel beruhigt einsetzen, obgleich er auf meiner beschaulichen Lokalbahn ansonsten etwas überdimensioniert wirken würde…

verursacht haben könnte, wobei Felsen und Flüsse dankbare Ausreden sind…

Nehmen wir uns einfach wieder die Natur zum Vorbild: Die Bahn muss natürlichen Hindernissen ausweichen oder sie mit Kunstbauten bezwingen.
Dabei ist das Verhältnis Landschaft zu den gewünschten Modellfahrzeugen zu beachten. Das Landschaftsmotiv hat so einen direkten Einfluss auf die Modellauswahl: Während in der Ebene eher schwächere Loks herumfahren dürften, ist im mittelgebirgigen Rampendienst die Mallet-Maschine wahrscheinlicher anzutreffen (Ausnahmen bestätigen natürlich auch hier die Regel). Der Modellbauer hat es also selbst in der Hand, welche Hindernisse er der Bahn in den Weg stellen will, um die Modellauswahl zu begründen.

2.2.5. Unterbau

Nachdem die Planung soweit abgeschlossen ist, widmet man sich dem Unterbau, also den Strukturen, die die Landschaft tragen sollen. Darüber ist viel geschrieben worden, Tipps für einen rasch zu erstellenden stabilen Unterbau findet der geneigte Leser auch im Transpress-Buch »Die schnelle Anlage«.

Heute ist die Platte (aus Holz, zum Beispiel eine Tür bzw. das Türblatt) nicht mehr die beste Möglichkeit für den Modellbahnbau. Man stelle sich vor, wie schwierig es ist links und rechts vom Bahndamm den Entwässerungsgraben anzulegen. Durchaus Sinn macht die gute alte durchgehende Platte noch im Bahnhofsbereich, der ja auch beim Vorbild ziemlich eben ist.
Der offene Rahmen ist heute der durchweg übliche Unterbau. Er setzt allerdings einiges an Planung vor allem im Hinblick auf die spätere Anlage voraus.

2.2.5.1. Testdiorama

An Anfang stand natürlich der Entwurf für eine Anlage oder ein Anlagenteilstück, vielleicht baut der Modellbahner zunächst auch ein Testdiorama. Auf einem Testdiorama lassen sich zeitgemäße Baumethoden ausprobieren, ehe es dann an etwas Größeres geht.
Im Baumarkt besorgt man sich einige Styrodurplatten unterschiedlicher Größe, und zwar jene, die eine glatte Oberfläche besitzen. Man kann sie einfach bearbeiten und aufeinanderschichten.
Die Trasse imitiert ein Stück Sperrholz, auf dem sich das Gleis gut verkleben lässt. Ein Stück Sperrholz eignet sich gut als Trassenauflage. Gleisjoche ließen sich ansonsten auch direkt auf das Styrodur verkleben, beispielsweise mit Korkkleber oder speziellem Hartschaumkleber. Dann erhalten die Gleise

WISSENSWERTES

Offener Rahmen

Ein solcher hölzerner Modellbahn-Unterbau besteht aus zwei L- oder T-förmigen Trägern, die mit ebenfalls aus Holz bestehenden Leisten als Querversteifung verbunden werden. Dabei entsteht ein leiterartiges Gebilde, das nur noch auf Füße gestellt werden muss (oder mit der Wand verdübelt wird). Dieses nicht nur für den schnellen Modellbahn-Unterbau geeignete Konstruktionsprinzip besitzt einige Vorteile: Der Zusammenbau aus Längs- und Querträgern muss nicht übermäßig genau erfolgen, allein die Füße müssen stabil und im Hinblick auf eine feste Höhenlage genau gebaut und befestigt werden. Diese Unterkonstruktion ist durch zusätzliche Diagonalverstrebungen verwindungsfest und dennoch recht leicht. Zudem bietet sie auf einfache Weise Verlängerungsmöglichkeiten.

Das Prinzip des offenen Rahmens: Man erkennt die beiden L-Träger, die mittels Querstreben einfach miteinander verbunden werden.

Das Gleis auf dem Testdiorama lässt sich direkt auf das Styrodur kleben. Wem das nicht gefällt, der kann das Gleis auch auf festen Karton kleben und diesen auf dem Hartschaum fixieren.

eine Bettung aus beispielsweise Kork oder Untertapete. Man verklebt das Material wieder mit Hartschaumkleber oder anderem lösemittelfreiem Kleber. Ein Tapetenroller hilft dabei den Kork fest anzupressen.
In unserem Fall eines Testdioramas fixiert man das Gleis mit doppelseitigem Klebeband. Sind die Gleise alle verlegt und alle nötigen Kontakte angebracht, kann man erste Probefahrten durchführen. Natürlich kann man die Gleise altern (Details hierzu im Transpress-Buch »Optimierung des Schienenwegs«).
Dann wird aus Styrodur-Klötzen eine Felsformation ausgebaut und mit etwa anderthalb bis zwei Zentimetern Gips überzogen. Dann geht es schon daran, die Felsen aus Gips herauszuarbeiten.
Dafür eignen sich Stemmeisen und Messer, mit denen man möglichst scharfe Kanten erzeugt und schroffe Abbrüche herausarbeitet.
Nach dem die Felsen getrocknet sind, werden sie grundiert. Damit erreicht man, dass die darauffolgenden Farbschichten auf der Gipsfläche besser haften und nicht zu viel an Farbe aufgesaugt wird.
Die eigentliche Farbgebung erfolgt mit Öl- oder Acrylfarben aus dem Künstlerbedarf. Dabei werden die Farben stark verdünnt, so das nur leichte Tönungen auf den Flächen bleiben und die Farbe in den Vertiefungen zusammenläuft. Zum Schluss wird noch mit Weiß graniert.
Nun geht es daran, das Gelände zu spachteln. Mit einer Mischung aus Weißleim und Sägemehl erhält man eine für Testzwecke brauchbare Mischung. Mit Wasser vermischt, erhält man eine gut aufstreichbare Konsistenz. Die Masse wird dann auf die Grundkonstruktion aufgebracht.
Nachdem alles gut durchgetrocknet ist, wird begrünt. Man kann hier mit Elektrostaten oder einfach mit händisch aufgestreuten Grasfasern arbeiten.

2.2.5.2. Unterbau einmal anders

Völlig andere Wege geht man mit einem Unterbau aus Styrodurplatten. Die spätere Landschaft entsteht dabei durch Aufeinanderschichten einzelner Styrodurplatten. Die Bahntrasse kann man direkt auf das Styrodur bauen. Es empfiehlt sich die späteren Stellplätze für Gebäude mit Sperrholzplatten zu festigen.

2.2.5.2.1. Moderner Geländebau mit Hartschaumplatten

Der große Vorzug des Styrodur-Unterbaus ist das geringe Gewicht und die flexible Bauweise: Änderungen sind rasch und einfach erledigt: Messer ansetzen und wegschnibbeln was stört. Es geht auch umgekehrt: Was zu niedrig ist, erhält rasch etwas aufgeklebt.

Die Befestigung von Bäumen beispielsweise macht keine Probleme: Ein Loch gebohrt, etwas Klebstoff rein (lösemittelfrei) und den Baum eingeklebt.

Nicht verschwiegen werden sollen aber auch die Nachteile des Werkstoffes: Styrodur ist gegen mechanische Einflüsse empfindlich, eine Delle bleibt eine Delle. Schwierigkeiten macht es auch Stellfüße zu befestigen. Das geht eigentlich nur mit einem Holzunterbau. Zweckmäßig ist es, so eine Landschaft in einen Segment- oder Modulkasten einzubauen.

Schaumstoffe sind in vielerlei Hinsicht ideale Modellbaustoffe. Sie sind leicht, leicht bzw. relativ leicht mit den üblichen, in jedem Haushalt vorhandenen bzw. leicht zu beschaffenden Hilfsmitteln zu bearbeiten, man kann sie kleben und einfach färben. Das Material ist wasserfest, kann also begipst und bemalt werden.

Der Übersicht halber eine Tabelle mit den wichtigsten Eigenschaften der für den Modellbahner interessanten Styrodur-Typen (DIN-Bezeichnungsschlüssel).

WISSENSWERTES

Styropor oder Styrodur

Bekannt sind Styropor und Styrodur/Styrofoam. Erstgenanntes ist ein 1951 entwickeltes grobporiges Schaumpolystyrol, also ein Thermoplast-Werkstoff. Exakt heißt es Expandierter Polystyrol-Hartschaum (EPS), entsteht also durch Ausdehnung. Bekannt geworden ist es unter dem Handelsnamen Styropor, die Farbe ist weiß. Davon ist das feinporigere Styrodur/Styrofoam zu unterscheiden. Es heißt Extrudierter Polystyrol-Hartschaum (XPS), entsteht also indem es durch Düsen gepresst wird. Zusätzlich zu den skizzierten Produkteigenschaften ist Styrodur/Sytrofoam wesentlich druckfester als Styropor. Stryodur unterscheidet sich von Styrofoam durch die Farbe, Styrodur ist grün, sein Verwandter blau. Es gibt das Material in Stärken von 20-60 mm sowie in 80, 100, 120, 140, 160 und 180 mm (Achtung nicht alle Oberflächen- und Kantenprofile sind in allen genannten Dicken erhältlich; siehe Tabelle unten).

Typ nach DIN	2500 C	2800 C	3035 CS
Maß in mm	1250 x 600	1250 x 600	1265 x 615
Oberflächenprofil	glatt	geprägt (geriffelt)	glatt
Kantenprofil	rechteckig	rechteckig	L-förmig
Dicke in mm	20, 30, 40, 50 und 60	20, 30, 40, 50, 60, 80, 100 und 120	30, 40, 50, 60, 80, 100, 120, 140, 160 und 180
Verwendung	alle Zwecke des Modellbaus, als Trassenmaterial, Landschaftsbasis	alle Zwecke des Modellbaus, als Trassenmaterial, Landschaftsbasis	Unterbau als tragende Verkehrsfläche

2.2.5.2.2. Bearbeitung mit Thermosäge

Styrodur (auch Jackodur) krümelt nicht so stark, ist aber etwas schwieriger zu bearbeiten, weil das Material von Haus aus fester ist. Gröbere Zuschnitte kann man z. B. mit einem Fuchsschwanz erledigen. Bei kleineren Arbeiten, z.B. dem Anpassen einer Landschaft aus Styrodur, kann mit verschiedenen Sägen gearbeitet werden. Wenn es an das feinere Herausarbeiten geht, nutzt man Raspeln und Messer. Mit der Raspel lassen sich feinere Übergänge in der Landschaft modellieren, das Messer eignet sich zum Schnitzen von Strukturen.

Es gibt professionelle Styroporschneidegeräte mit einstellbarer Temperaturregelung und diese besitzen bisweilen sogar ein Gebläse, über das der Heizdraht gekühlt werden kann (das ist für die Haltbarkeit des Drahts günstig, denn an den Stellen, an denen der heiße Draht beim Schneiden nicht mit Material in Berührung kommt, wird er ja nicht gekühlt und kann u.U. überhitzen. Aber die für eine Beschädigung notwendigen Mengen zerschneiden wir ja wohl kaum). Aber die Anschaffung eines solchen zugegebenermaßen hilfreichen Geräts ist für uns gar nicht nötig. Der selbstgebaute Styroporschneider reicht für unsere Zwecke allemal aus.

2.2.5.2.3. Bearbeitung des Unterbau-Styrodurs

Das Styrodur wird für unser Motiv an der Sägemühle grob zugeschnitten. Der Gleisan-

WISSENSWERTES

Selbstgebaute Thermosäge

- Laubsäge
- Schneidedraht (Durchmesser etwa 0,2 mm
- Kabel möglichst großen Querschnitts
- Modellbahntrafo mit Thermosicherung

Im Prinzip wird der Schneidedraht anstatt eines Laubsägeblattes in die Laubsäge eingespannt. Der Anschluss des Drahts erfolgt dann über ein zweiadriges Kabel an einen Trafo. Zuvor muss eine der beiden Blattaufnahmen der Säge isoliert werden. Die andere der beiden Aufnahmen kann unbearbeitet übernommen werden. Der Schneidedraht wird dort einfach eingespannt, zudem wird dort auch ein Kabel an der Flügelschraube angebracht. Ehe wir den Draht in die isolierte Aufnahme einspannen, muss er abgelängt werden und mit dem zweiten Kabel verbunden werden. Hierfür verwendet man ein Metallplättchen, auf das das Kabel angelötet wird. Das Metallplättchen wird dann zwischen die isolierenden Plättchen geklemmt und festgeschraubt. Die beiden Kabelzuleitungen schlingt man am besten um den Bügel der Laubsäge und befestigt sie dort mit Kabelbindern oder Klebestreifen. Andernfalls sind sie uns beim Schneiden des Stryodurs immer im Weg. Fertig! Nun kann das Gerät an den Trafo angeschlossen werden (Ausgang 14–16 V Gleichstrom). Man achtet dabei unbedingt auf gute Belüftung, denn das erhitzte Schaumpolystyrol stinkt nicht nur gewaltig, die dabei entstehenden Dämpfe sind bei tiefer Einatmung gesundheitsschädlich.

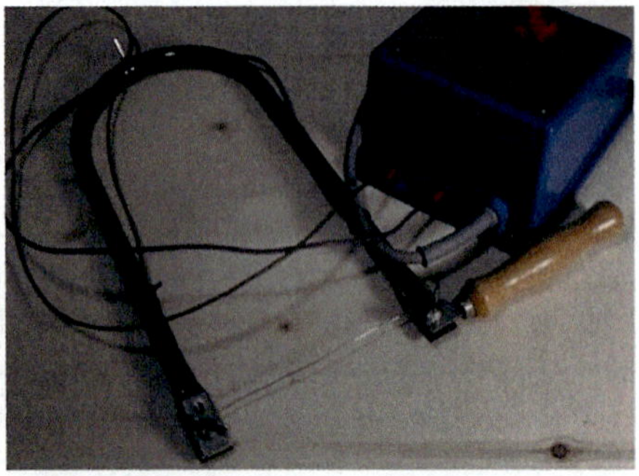

Die selbst gebaute Thermosäge kann mit einem alten Trafo betrieben werden.

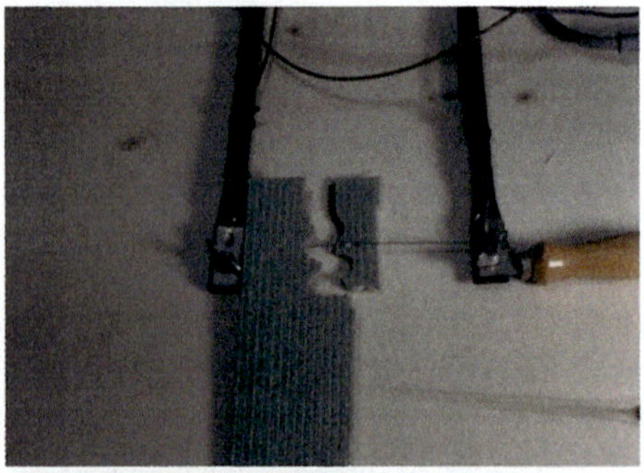

Das Gerät lässt „groteske" Schnitte zu.

Die Situation, wie sie viele Hobbykollegen kennen: Ein Anlagenstück harrt seit einiger Zeit der Weitergestaltung.

schluss erhält eine Sperrholzunterlage, die mit Weißleim aufgeklebt werden kann. Praktisch ist es, wenn man seine Planungsskizze eins zu eins angefertigt hat und nun auf das Styrodurstück legen und übertragen kann, etwa mittels Bleistift, der leicht in die Oberfläche des Materials eindrückt.

Wer keine Planungsskizze in eins zu eins hat, markiert frei Hand einige Bezugspunkte vom Plan auf das Styrodurstück.

Sämtliche Landschaftsformen schneidet man aus Styrodur aus (Bastelmesser mit weit herausgezogener Abbrechklinge) und klebt sie ggf. mit Weißleim auf den Rohbau. Ein Bachlauf wird jetzt aus dem Material herausgeschnitten (ggf. mit Raspel und Stechbeitel), eine Erhebung wird durch Aufkleben entsprechend ausgeschnittener Styrodurstückchen erstellt.

Wenn man mit dem Zuschnitt zufrieden und

Mit der Abbrechklinge wurde hier der Bach herausgestemmt.

Das Bastelmesser mit der Abbrechklinge leistet beim Herstellen des Unterbaus wertvolle Dienste.

WISSENSWERTES

Einfärben zur Fehlersuche

Ein Farbauftrag in entsprechenden Dispersionsfarben (grün wo Wiesen wachsen sollen, beige für Wege, blau für Wasser und grau für Felsen) ergibt bereits einen guten Eindruck des künftigen Landschaftsbaustücks. Auf dieser Basis fallen Fehler der Konzeption besser ins Auge. Ist der Fels zu hoch? Ist der Weg zu nahe am Wasser etc.? Somit können Ergänzungen oder Korrekturen angebracht werden.

alles verklebt ist, werden Übergänge beigearbeitet, etwa mittels Schleifpapier, feiner Raspel oder Schleifklotz.

2.2.5.3. Geländegestaltung mit Maschee

Nun erhält die Geländehaut einen stabilisierenden Überzug, der eine gute Basis für die nachfolgende Feingestaltung bietet. Mit Gips zu arbeiten ist nicht unbedingt empfehlenswert, das Teilstück würde zu schwer.

WISSENSWERTES

Öko-Pappmaschee

Das Material ist abgepackt in Beutel à 250 Gramm zu kaufen. Es wird in einem Gefrierbeutel mit Wasser vermischt, und zwar nimmt man etwa 100 Gramm Pulver auf etwa 110 ml Wasser. Die Masse wird in dem Gefrierbeutel durchgeknetet. Dann den Teig luftdicht verschlossen etwa drei Stunden ruhen lassen. Vor dem Gebrauch nochmals kurz durchkneten. Verarbeitet werden kann es mit Spachteln oder mit den feuchten Händen.

Das Öko-Pappmaschee, wie man es im Bastelladen erwerben kann, ist ein feines Pulver mit überraschenden Eigenschaften. Die Masse lässt sich nach der Zubereitung wie Gips verspachteln und hinterlässt eine fein strukturierte, also nicht absolut ebene Oberfläche – gerade so, wie es sich der Modellbauer wünscht.

2.2.5.3.1. Pappmaschee

Eine gute Alternative stellt das gute alte Pappmaschee dar. Man kann Pappmaschee aus Zeitungen kleinreißen oder eben fertig zerrissenes kaufen.

Man verteilt die Masse mit einem Löffel oder einem breiten Pinsel. Die Dicke spielt dabei eine untergeordnete Bedeutung, es verlängert die Härtezeit kaum. Das Material bleibt lange verarbeitbar. Beim Austrocknen wird die Oberfläche rau. Wenn das nicht gewünscht ist, lässt es sich mit Wasser und einem Pinsel einfach wieder glätten. Und das bis zu einem Tag nach dem Auftragen der Masse.

Nach etwa zwei bis drei Tagen ist alles trocken. Es lässt sich aber auch jetzt noch mit weiterem Maschee Ergänzungen anbringen. Die Oberfläche lässt sich jetzt einfach bohren und schleifen.

Das fertige Maschee kommt auf etwa 2 bis 3 Euro für 250 Gramm. Daher eignet sich das Material eher für Dioramen oder die abschnittsweise Fertigstellung.

2.2.5.3.2. Holzmaschee

Statt Pappmaschee lässt sich auch Holzmaschee nutzen. Es zeigt ähnliche Eigenschaften wie Pappmaschee und eignet sich hervorragend als Bodengrund unserer Anlage.

Man kann das Holzmaschee leicht selber herstellen, was es dann recht preisgünstig macht (es gibt es aber auch gebrauchsfertig zu kaufen, in Bastelläden gibt es Holzmaschee zum Herstellen von Puppenköpfen etc.).

Man benötigt:

- Holzmehl/Sägemehl, alternativ auch Haustiereinstreu
- Tapetenkleister
- Spülmittel
- Behälter

In einem Behälter werden etwa 1 kg Holzmehl trocken mit Tapetenkleister vermischt, man nimmt etwa 100 g Kleister auf 1 kg Holzmehl. Dann wird ein Spritzer Spülmittel zugefügt und das Ganze mit Wasser langsam aufgegossen. Gut durchrühren und noch etwa 40 g Weißleim beifügen; nach etwa 20 Minuten (Quellzeit) erhält man seinen Holzmehlmörtel.
Erleichtert wird das Rühren mit einem alten Quirl oder einer Bohrmaschine mit Rührstab.
Das Holzmaschee lässt sich mit Dispersionsfarbe einfärben. Durch Variieren der Wasserzugabe stellt man das Maschee auf die Verarbeitung mit Pinsel oder Spachtel ein. Das Material ist einige Stunden verarbeitbar.

2.2.5.3.3. Spachtelmasse aus Quarzsand
Muss so ein Überzug überhaupt sein, kann man denn das Styrodur nicht direkt begrünen?
Nein, das ist nicht empfehlenswert. Zum einen soll der Boden ja leicht strukturiert und nicht vollkommen glatt sein. Zum anderen ist Styrodur gegenüber Klebstoffen nicht gänzlich unempfindlich. Wenn man seinem Styrodur-Unterbau einen Überzug gibt, strukturiert man seine Landschaft und gibt ihr etwas mehr Festigkeit und Unempfindlichkeit mit. Auch die nachfolgende Gestaltung wird wesentlich erleichtert.

Im Folgenden wird die Herstellung einer Spachtelmasse beschrieben, die die Styrodurlandschaft sehr widerstandsfähig macht.

WISSENSWERTES

Einfacher Bodengrund

Unbedingt erwähnt werden soll eine Behandlungsmethode, die vorsieht, das Styrodur lediglich mit einem Gemisch aus Holzleim und Farbe zu streichen. Es gibt zahlreiche Modellbahner, die darauf schwören und nicht nur die Zeitersparnis hervorheben, sondern auch die Zähigkeit der dadurch erzielten Oberfläche loben.

Man benötigt:

- Behälter
- Quarzsand (im Baumarkt erhältlich)
- Holzleim
- Tiefgrund
- Evt. Farbe (Dispersionsfarbe)

Bei der Herstellung kann auch direkt eine Grundfärbung vorgenommen werden, dann wird zusätzlich zu den beschriebenen Dingen auch gleich Abtönfarbe beigemischt.

Man nimmt:
1500 g Quarzsand
220 g Holzleim
70 g Tiefengrund
30 g grüne Farbe
70 g braune Farbe
(die Farbzugaben hängen natürlich vom persönlichen Geschmack ab)

Zunächst wird der Quarzsand in eine Schüssel geschüttet. Dann wird der Holzleim zugefügt und Tiefgrund zugesetzt. Dann wird die ganze Mischung gut durchmischt. Dabei entsteht eine zähe klebrige Masse. Die Spachtelmasse eignet sich bestens für die Modulgestaltung.

Die Quarzsand-Leim-Spachtelmasse zur Bereitung eines strapazierfähigen Untergrunds für die nachträgliche Geländefeingestaltung.

Im Beispiel wurde die Masse mit einem alten, noch einigermaßen elastischen Borstenpinsel satt aufgetragen. Das sieht zunächst derb aus, bildet aber nach dem Trocknen einen sehr gut bearbeitbaren Bodengrund.

Im Lichterglanz erkennt man bereits, wie fein und doch ausreichend grob die Bodenmischung ist. Diese feine Strukturierung ist es ja, was wir wollen. Sie bildet einen optisch überzeugenden Bodengrund, eben weil die Farbe, aber auch die Beschaffenheit stimmen. Man muss dann nicht mehr den Bodengrund aufrauen oder sonstwie bearbeiten.

3. Gelände ohne Ende

In diesem Kapitel geht es darum, die frisch behandelte Grundlage aus Styrodur zu begrünen. Man erhält einen Überblick über die erhältlichen modernen Materialien und deren Verarbeitungsmethoden. Bislang hatte der Modellbahner viel Arbeit, aber der sichtbare Erfolg hielt sich doch in bescheidenem Rahmen. Das ändert sich jetzt – endlich. Nun wird die Geländeoberfläche endlich begrünt.

3.1. Materialien und deren Verarbeitung

Im Folgenden schauen wir uns die modernen Geländebaumaterialien genauer an, strukturieren das unübersichtliche Angebot und setzen die Baustoffe ein.

3.1.1. Gestaltung von Buschwerk mit Schaumflocken

Statt Islandmoos werden heute für diesen Zweck Schaumflocken benutzt. Mit diesem Material lassen sich auch Büsche und Kleinbewuchs in besonderer Weise nachgestalten.
Wichtigste Anwendungsgebiete für das Material ist neben der Belaubung von Bäumen (mit losen Schaumflocken) auch die Gestaltung von Bodendeckern (hierzu werden Foliage-Materialien verwendet).

3.1.1.1. Aufbringen von Schaumflocken und Konsorten

Man besitzt nun modernes Material, aber die Frage ist, wie es auf das Gelände am Besten aufgebracht werden kann. Schnell und einfach geht das mit Weißleim. Wenn es Tapetenkleister sein soll, wählt man sogenannten Vliestapetenkleister, der haftstark und von einiger Substanz ist.
Wenn man Weißleim verwenden will, achtet man darauf ihn gut zu verdünnen, denn das verlängert die Abbindezeit.

WISSENSWERTES – Schaumflocken

Das ist ein sogenannter aufgeschäumter, offenporiger Weichkunststoff. Das Material wird zusätzlich eingefärbt, ehe es der Modellbahner verwenden kann. Zu erwerben ist das Schaumflocken-Material auch oft als sogenannte Foliage, hier werden Schaumflocken auf feines Trägermaterial aufgebracht. Das eignet sich beispielsweise zur raschen Herstellung von Büschen. Davon zu unterscheiden sind lose Schaumflocken.

3.1.1.1.1. Elektrostatisches Begrasen

Seit einiger Zeit wird elektrostatisch begrast, etwa mit dem Gras-Master von Noch oder dem Flockstar von Heki.

Schaumflocken gibt es von mehreren Herstellern in unterschiedlich feiner und verschiedenfarbiger Ausführung.

WISSENSWERTES

Elektrostatisches Begrasen

Dieses Gerät erzeugt zwischen Applikator und zu begrasender Fläche ein elektrostatisches Feld. Das hat die Folge, dass die Grasfasern fast senkrecht auf den eingeleimten Untergrund treffen und dadurch ein sehr realistischer Grasteppich entsteht.

Das Ergebnis eines elektrostatischen Beflockungsvorgangs ist eine Fläche mit aufrecht stehendem Grasimitat.

Wie wird mit dem Gerät gearbeitet? Zunächst werden die verschiedenen Grasfasern gemischt. Dabei lassen sich unterschiedliche Farben und Längen kombinieren; das hängt von der erwünschten Wiese ab.

Dann wird das Gemisch in den Elektrostaten eingefüllt.

Nun wird die zu begrasende Fläche mit Kleber eingestrichen.

Dann wird ein Pol des Elektrostaten in der Nähe der zu begrasenden Fläche befestigt, beispielsweise wird das betreffende Kabel mittels Krokodilklemme und einem in die Landschaft platzierten Nagel zusammengefügt.

Dann wird begrast: Der Elektrostat wird etwa 10 cm über die zu begrasende Fläche gehalten, und beim Führen leicht geschüttelt.

Der Grasmaster von Noch im Einsatz: Der Applikator (links) erhält die Grasmischung eingefüllt, der Pol (Mitte) muss in der Nähe der zu begrasenden Fläche eingesteckt werden. Rechts im Bild ein besondere Aufsatz zum Begrasen von begrenzten Flächen.

3.1.2. Bodendecker

Man unterscheidet dabei Fasern aus Kunststoff und Schaumstoffflocken. Während erst genannte sich in der Länge unterscheiden, differieren zweit genannte in der Feinheit des Materials.

Die Fasern existieren in verschiedenen Arten: Es gibt sie zum Aufstreuen, aber auch in Form von fertig beflockten Matten (nicht zu verwechseln mit Grasmatten). Diese Matten gibt es sowohl als kurzfasrige wie als langfasrige Ausführung.

Es wirkt natürlich immer besser, wenn die Anlage nicht als ein einziger englischer Rasen daherkommt, sondern höchst verschiedene Wuchshöhen besitzt. Was die Farben anbelangt, würde ich zur Zurückhaltung raten. Es gibt bei Wiesen unterschiedliche Grüntöne, aber dabei sollte man es auch belassen,; eine weitere Farbnuance wirkt oft unnatürlich.

3.1.2.1. Verarbeitung von Wiesenmatten

Die ebenfalls seit einigen Jahren im Handel befindlichen Matten verklebt man. Ihr Vorteil ist es, dass damit rasch größere Flächen fertiggestellt werden können. Ein Nachteil ist der bisweilen hohe Preis. Sehr interes-

WISSENSWERTES

Wiesenmatte will Aufmerksamkeit

Man schneidet mit der Schere kleine Stücke aus der Wiesenmatte heraus und achtet darauf, keine regelmäßigen Schnittkanten zu erzeugen. Am Besten verläuft die Schnittkante unregelmäßig-gezackt. Man streicht die Rückseite mit Alleskleber ein, fasst das Stück mit der Pinzette und legt es an die vorgesehenen Stelle. Um das flauschige Material nicht durch zu hohen Fingerdruck zusammenzudrücken, wird mit der Pinzette angedrückt. Nach etwa zehn Minuten wird mit der Pinzette zunächst der Rand, dann auch die übrige Matte nochmals gut angedrückt. Daran wird ein weiteres Stück angesetzt usw. Wichtig ist, die Matte nicht am Stück aufzukleben, sondern stückchenweise.

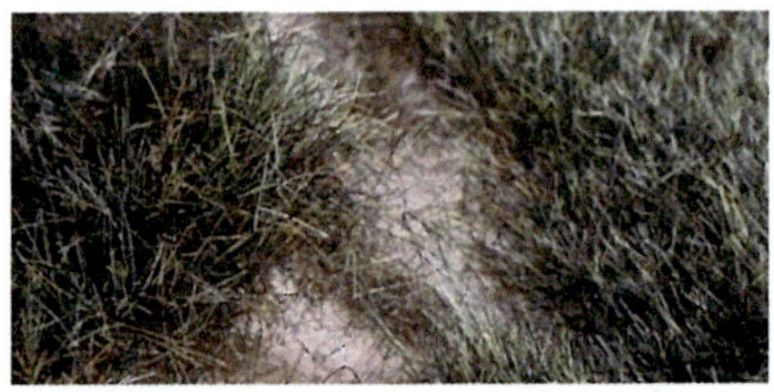

Eine Wiesenmatte wird ineinander verzahnt aufgeklebt. Man achtet dabei, die Übergänge fein ineinander zu verarbeiten.

Zunächst ein Blick auf das Vorbild: Eine typische Sommerwiese mit schon vergilbtem Gras, aber auch mit noch grün dastehenden Gräserbüscheln.

WISSENSWERTES

Lebendige Wiese

Um der Matte weitere Farbnuancen zu spendieren, graniert man mit fast trockenem Pinsel oder einem Stupfpinsel (siehe Seite 69) etwas Farbe über die Spitzen des Wiesenbewuchses. Das imitiert Blüten. In der Natur sind allzu bunt gemischt blühende Wiesen eher selten. Häufiger kommen in einer Farbe blühende Bereiche vor.

Das Ergebnis: Die verschiedenen Matten wurden verzahnt ineinander aufgeklebt und während des Trocknungsprozesses des Klebstoffs immer wieder etwas nachgerückt und ineinander verschoben.

sante Effekte erzielt man, indem die aufgeklebten Matten mit Fasern und/oder Flocken begrast werden.

WISSENSWERTES

Streudose selbsthergestellt

In den Deckel eines Weichplastikfläschchens (zum Beispiel leere, gut ausgewaschene und getrocknete Spülmittelflasche) werden mehrere Löcher eingebracht. Dann schüttet man Grasfasern in das Fläschchen, das nur zu einem Drittel gefüllt werden darf. Durch Schütteln lädt sich das Material und die Dose selber elektrostatisch auf. Man drückt abrupt auf das Fläschen und »stößt« so die Fasern aus, sodass sie in hoher Zahl senkrecht auf die eingeleimte Fläche treffen.

Empfohlener Untergrund ist Styrodur, die Matten bzw. Mattenstücke können in das Material hineingedrückt werden. Sehr natürliche Wirkung erreicht man, wenn verschiedene Ausführungen kombiniert und unregelmäßig beschnitten werden, so dass sich die Bereiche ineinander verzahnen.

Eine solche Wiesenmatte lässt sich weiter aufhübschen.

3.1.2.2. Streudose

In der Regel werden die Fasern mit einem Elektrostaten aufgebracht. Die selbst gebaute Form ist dabei natürlich erheblich preis-

Die Matte sollte stets unregelmäßig beschnitten werden, die Übergänge sind zu kaschieren, das wirkt allemal besser.

günstiger. Wer nur kleine Bereiche beflocken will, dem leisten Streudosen gute Dienste.

3.1.2.3. Hecken selbst gemacht

Man benötigt:

- Grobporiger Schwamm
- Sprühkleber
- Flock- oder Streumaterial
- Abtönfarbe

Mit Abtönfarbe wird der Schwamm grün gefärbt und dann zum Trocknen liegengelassen. Danach kann man ihn in Streifen schneiden, dafür eignet sich ein Bastelmesser.
Am Einbauort werden kleine Nägel oder Nadeln dem heckenverlauf entsprechend ausgerichtet. Die Schwammstücke werden nun darauf befestigt.
Abschließend erhalten die Schwammhecken einen Sprühkleberauftrag oder einen Überzug aus Leim.
Dann wird die Hecke mit Flocken, Laub oder Grasstreu bestreut.

3.1.2.4. Vegetationsnarbe

Wie weiter oben erwähnt, genügt die Sägemehl-Begrasung heutigen Ansprüchen nicht mehr. Heute arbeitet man vor allem mit Schaumstoff-Flocken und Grasfasern.
Die Frage ist, wie es gelingt eine dichte Vegetationsnarbe zu erreichen. Beim früheren Sägemehl war das ja nicht möglich, da die einzelnen Partikelchen einander alle größen- und strukturmäßig entsprachen. Heute besitzt man größere Möglichkeiten, da die einzelnen Materialien ein schichtweises Arbeiten gestatten. Nur so lässt sich ein dicht bewachsener Bodengrund nachstellen.

3.1.2.4.1. Vorarbeiten

Was sollte man bei der Auswahl von Grasfasern beachten?
Bevor man die Gestaltung in Angriff nimmt, denkt man daran, dass Bohrungen zur Aufnahme von Bäumen die frisch begrünte Fläche beeinträchtigen. Der feine Bohrstaub führt dazu, dass eine Fläche farblich verfälscht wird. Es ist allerdings schwierig, sich im Voraus alle späteren Aufstellorte für die Bäume vorzustellen und die entsprechenden Bohrungen einzubringen. Abhilfe ist schwierig und oftmals nur durch intensives Nachbegrünen zu erfüllen.
Ganz gute Erfahrungen habe ich mit einem Vorstecher gemacht. Dabei fällt nicht soviel Gipsstaub an, allerdings lässt sich mit ihm nicht ganz so einfach ein Loch in den Boden einbringen. Es hilft nichts, man wird eben nacharbeiten müssen, wenn man nicht vorab die Baumaufstellorte festlegen will oder kann.

3.1.2.4.2. Strukturieren mit Turf

Zunächst gilt es dem vom Begipsen blanken Boden etwas Struktur zu verleihen. Das

Aus einem gewöhnlichen Haushaltsschwamm werden Streifen abgeschnitten und …

… ***beleimt und beflockt*** (hier mit Heki-Flocken »kieferngrün«). Heraus kommt dabei Kleingärtners Traum: eine zierliche Buchenhecke wie aus dem Heckenschnitt-Lehrbuch.

WISSENSWERTES

Grasfasern

Grasfasern wählt man lieber etwas dunkler aus, weil diese realistischer wirken. Hellere Farben wirken nur bei Partien gut, die verdorrte Bereiche nachbilden sollen. Generell würde ich gelbliche Farbtöne nicht anwenden, da diese Grasmischungen später sehr grell und damit unnatürlich wirken. Besser wäre es generell für verdorrtes Gras beige Farbtöne zu verwenden. Es wirkt nicht gut, wenn man allzu bunte Grasmischungen aufbringt. Das sparsame Mischen wirkt im Ergebnis besser. Farbnuancierungen entstehen beim Auftrag durch Lichteinfall und Schatten. Eine gute Idee ist es, auf Kartonstücken Vorversuche zu machen. Die gute Wirkung einer Grasfaser hängt immer auch vom gut und realistisch gestalteten Untergrund ab, das betrifft in erster Linie dessen Farbgebung. Grünes Gras wirkt nur auf dunklem Bodengrund.

Ein frisch begrastes Geländestück unter Verwendung von dem Grasfasermaterial von Noch »Sommerwiese«.

WISSENSWERTES

Turf

»Turf« ist das englische Wort für Grasnarbe oder Rasen. Dabei handelt es sich um feines Bodenbeflockungsmaterial aus farbechtem Schaumstoff. Es verändert sich also weder wenn es mit Klebstoff in Kontakt kommt noch bleicht es aus. Das Material gibt es in zahlreichen Farben von verschiedenen Anbietern, wobei die unterschiedlichsten Bezeichnungen im Umlauf sind. Einigen wir uns auf »Schaumstoffflocken zur Bodenbegrünung«.

macht man mit dem »Turf« genannten Material.

Es kommt dabei darauf an, eine möglichst deckende Schicht aufzubringen, zugleich soll der glatte Boden narbig und schrundig werden. Es empfiehlt sich, dabei abschnittsweise vorzugehen, also immer einen kleinen Bereich vornehmen.

Man streicht den ersten Abschnitt mit verdünntem Weißleim ein. Verdünnt deswegen, weil er sich dann mit einem Pinsel besser verteilen lässt. Als Mischungsverhältnis empfiehlt sich eine Verhältnis von zwei bis drei Teilen Weißleim zu einem Teil Wasser.

Es lässt sich natürlich auch jeder andere Kleber verwenden, der einige Minuten »offen« bleibt, also nicht sofort eine Haut bildet, sodass sich nichts mehr verkleben lässt. Wichtig ist, dass der Kleber eine gewisse Substanz hat, also eine Masse umfasst. In eine dünne Klebeschicht kann man keine Begrünung einbringen und fixieren. Deshalb ist auch von Tapetenkleister zu diesem Zweck eher abzuraten. Er trocknet zwar nicht so rasch, aber seine anfängliche Substanz trocknet ein und zudem glänzt eine mit Kleister behandelte Bodenfläche unschön.

Der Boden wird mit verdünntem Weißleim satt, aber nicht zu dick eingestrichen.

Graskleber

WISSENSWERTES

Es gibt für die elektrostatische Begrasung speziell entwickelte Kleber. Braucht man die denn? Geht es denn nicht auch mit Weißleim? Sagen wir es so: Wer schnell arbeiten kann, der benutzt Weißleim. Der spezielle Kleber hingegen bindet langsamer ab als Weißleim, eignet sich also für den Anfänger besser. Konventioneller Weißleim hat eine recht hohe Oberflächenspannung, elektrostatisch aufgeladene Grasfasern haben also Mühe einzudringen und den erwünschten senkrechten Stand einzunehmen. Das heißt, dass konventioneller Weißleim mit Spülmittel und etwas Wasser vermischt werden muss, ehe er gebrauchsfertig ist. Der Graskleber hingegen hat aus der Packung heraus bereits eine geringere Oberflächenspannung, wodurch der erwünschte senkrechte Stand der Grasfasern leichter erreicht wird.

Die Turf-Stückchen werden dann satt aufgestreut.

Das überschüssige Material nimmt man wieder ab und legt es zur Wiederverwendung beiseite.

Im Beispiel wurde statt der elektrostatischen Beflockung mit der Hand Schaumstoffflocken (hier von Busch) aufgestreut.

Nun können die ersten Turfstückchen satt aufgestreut werden. Man muss nur darauf achten, dass die Turfbröckchen nicht vom Leim (Kleber) völlig durchzogen werden, da dann wieder eine Glanzgefahr besteht. Nachdem alles gut getrocknet ist, wird überschüssiges Material wieder abgenommen, beziehungsweise abgesaugt.

Nun kommen Grasfasern drauf. Zunächst wird die zu bearbeitende Fläche wieder mit dem Weißleim-Wasser-Gemisch eingestrichen. Da aber bereits etwas Bodengrund vorhanden ist, muss das Gemisch weiter verdünnt werden, da sonst der Kleber zu dick auf dem bereits vorhandenen Turf haften bleibt. Wir erstreben aber eine locker wirkende Bodenschicht.

Um ein zu monotones Erscheinungsbild zu verhindern, wird unregelmäßig Leim aufgebracht, sodass bestimmte Flächen grasfrei bleiben. Das Begrasen erfolgt dann mit dem Elektrostaten (wie oben beschrieben) oder die Fasern werden mit der Hand oder einem Kunststoff-Löffel durch ein Kunststoffsieb gestrichen, wobei sie sich ebenfalls elektrostatisch aufladen.

3.1.2.4.3. Nuancierung

Das Gras wird übrigens nicht nur in einer Farbe aufgebracht. Das würde ein sehr monotones Erscheinungsbild erzeugen. Besser ist es leicht unterschiedliche Grastöne ein-

Ein Beispiel aus der echten Natur: Dieser Hang wird von unterschiedlich nuancierten Farbtönen charakterisiert.

zusetzen. So »macht« es die Natur ja auch. Man kann etwas dunklere Farbtöne nehmen, wenn »fettes Gras« dargestellt werden soll, auf Brachlandflächen überwiegt hingegen gelblichere Farbtöne.

Das gilt natürlich immer für den Sommer, der wohl am häufigsten auf Anlagen nachgestellt wird.

Nachdem alles durchgetrocknet ist, wird das überschüssige Material wieder entfernt, beispielsweise mit dem Staubsauger mit übergestülptem Strumpf, um das abgesaugte Gras aufzufangen und wiederverwenden zu können.

Damit besitzt man einen guten Bodengrund, der nicht so gleichförmig ist, sondern mehrere Strukturen aufweist.

WISSENSWERTES

Stehendes Gras mit den Luftballon

Trotz elektrostatischem Begrasen mag das Gras manchmal einfach nicht im Leim stehen. Dann empfiehlt sich folgender Tipp: Man bläst einen Luftballon auf, lädt ihn elektrostatisch auf (indem man ihn beispielweise an einem Stückl Stoff reibt) und führt ihn dann ganz knapp über die frisch begraste Fläche. Die Grasfasern im noch feuchten Leim richten sich dann auf.

3.1.2.4.4. Jetzt kommt Gestrüpp

Nun besteht ja der natürliche Bodenbewuchs nicht nur aus einer gewissen grünen Substanz, zudem nur horizontal verteilt, sondern er wuchert ja auch in der Vertikalen. Man sollte jetzt noch nicht Bäume und Büsche einkleben, sondern noch etwas für das »Gestrüpp«, also Bodendecker, Unkraut und Dickicht tun.

3.1.2.4.4.1. Verarbeitung

Dazu wird der Boden punktuell mit diesmal unverdünntem Kleber betupft, und zwar dort, wo Gestrüpp wachsen soll. Es macht keinen Sinn hie und dort ein Pünktchen aufzutragen, sondern besser ist es man streicht kleine Flächen mit Klebstoff ein.

Dann greift man zu Schaumstofflocken der etwas gröberen Sorte, etwa dem sogenannten Coarse Turf, also »grobem Rasen«, um es zu übersetzen. Das Material wird mit den Fingern nicht aufgestreut, sondern in den Leimtupfen gedrückt. Dabei wird reichlich Material verwendet. Natürlich setzt man auch hier wieder leicht unterschiedliche Farbtöne ein.

Nachdem wieder alles gut durchgetrocknet ist, entfernt man den Überschuss wieder. In diesem Fall wird das aber grob mit den Fingern gemacht. Das hat den Sinn, dass sich das Turf-Material nicht allzusehr farblich vermischt und hinterher, wenn es neu verwendet werden soll, alles in einem einheitlichen scheckigen Grünton erscheint. So pflückt man also das Dunkelgrüne ab und tut es zum anderen Dunkelgrünen etc.

***Hier wurde in einem abschließenden Arbeitsgang grobe Clump-Foliage aufgetragen**, die »Krautgewächse« imitiert.*

***Ein Blick auf den gestalteten Abschnitt**, nachdem Bäume und Bodendeckergestrüpp die Szenerie auflockern.*

Damit hat man Bodendecker und eher niedriges Gestrüpp nachgebildet.

Im folgenden Arbeitsschritt werden nun größere Büsche gesetzt. Auch die Bäume kann man jetzt einsetzen (unter Beachtung des oben Gesagten, wegen des Bohrstaubs). Man greift zu diesem Zweck zu Seemoosästchen, die zu »niedrigem Strauchwerk« zurechtgestutzt werden müssen. Das Seemoos wird dann mit Beflockungsmaterialien bestreut. Seemoos ergibt eher lichtere Büsche.

3.1.2.4.5. Seemoos als Buschwerk

Der Vorteil von Seemoos (siehe hierzu die Ausführungen weiter unten, unter Baumbau) ist seine lichte Struktur. Daher eignet es sich sehr gut als »Baum« und »Astwerk«. Das prädestiniert das Material aber auch für Büschlein.

Da das Seemoos naturbelassen ist, »wächst« es halt nicht immer so, wie man sich das wünscht. Mit einer Schere ist da aber gleich Abhilfe geschaffen.

***Der Seemoosbusch muss noch gerichtet werden**, das heißt, die Spelzen müssen abgenommen werden. Evt. ist auch die Form herzurichten, indem man überschüssige Ästchen abschneidet.*

3.1.2.4.5.1. Seemoos nachgefärbt

Die Farbe des Seemooses ist eine Art gelbgrün. Dieser Farbton passt halt nicht immer, aber das Nachfärben stellt keinen großen Aufwand dar.

Man benötigt:

- Kunststofftopf
- verdünnte Dispersionsfarbe
- alte Zeitungen
- zwei Schalen

WISSENSWERTES

»Nachrichten« des Seemooses

Durch Zurechtschneiden korrigiert man eine vielleicht nicht so erwünschte Form des Seemoosbusches. Manchmal fehlt aber an einer Stelle ein Ast, wo eigentlich einer sein sollte. Das erledigt man durch Einkleben eines Seemoosästchens und Fixieren desselben mittels Haarklipsen.

▶ Styroporbrocken

Hauptproblem beim nachträglichen Einfärben von Seemoos ist die Gefahr das feine Astwerk mit Farbe zuzukleben. Man verlöre dabei die erwünschte feine Struktur des Busches. Sicher stellen Sprühfarben eine Möglichkeit dar, das Material einzufärben. Angesichts der Preise einer Farbdose (wenn schon, dann verwendet man Dosen mit umweltverträglichem Treibgas) kann man sich aber auch einfacher behelfen.

In einem nicht zu kleinen Kunststoffbehälter wird Dispersionsfarbe im gewünschten Farbton eingefüllt und mit Wasser verdünnt. Dabei nimmt man einen Teil Farbe und zwei Teile Wasser.

Dann wird das Stückchen Seemoos in die Farbe getaucht, herausgenommen und auf Zeitungspapier abgeschüttelt. Natürlich achtet man darauf, ob die Farbe auch wirklich dünnflüssig genug ist und sich nicht irgendwelche Klumpen zwischen den Ästchen angesetzt haben. Das lässt sich durch

Soeben wurde der Seemoosbusch in Dispersionsfarbe getaucht.

Nun wird das Büschlein über Küchenkrepp abgeschüttelt.

sorgfältiges Abschütteln und wegblasen der Farbklümpchen vermeiden. Der gefärbte Seemoosbusch wird nun auf einer geeigneten Unterlage (etwa einem Styroporklötzchen, in das er eingesteckt werden kann) zum Trocknen beiseite gestellt.

In einer flachen Schale wird nun Weißleim mit Wasser im Verhältnis von 2:1 mit etwas Spülmittel (um die Oberflächenspannung der Flüssigkeit herabzusetzen) vermischt. Es kommt nun darauf an den getrockneten Seemoosbusch nur mit den Astspitzen in die Wasser-Leim-Mischung einzutauchen, denn nur dort wollen wir ja Belaubungsmaterial haben.

In einer zweiten Schale wird das Beflockungsmaterial ausgebreitet, der Busch darüber gehalten und mit der Hand das Material aufgestreut.

Nach dem Trocknen erhält das Büschlein oder Bäumchen noch einen Überzug aus Fixativ zur Festigung des Ergebnisses.

WISSENSWERTES

Dichtes Buschwerk

Für die Nachbildung von dichtem Buschwerk eignen sich auch grün besprühte und mit Beflockungsmaterial bestreute Wattebäuschchen oder Sisalgrasbüschel. Auch das sogenannte Polyfiber-Material von Woodland Scenics (im Vertrieb von Noch) lässt sich zu diesem Zweck verwenden: Das watteartige Material formt man wolkig zu Büschen, da es bereits grüne Grundfarbe besitzt, muss es nicht nachgefärbt werden. Dann wird es je nach Geschmack beflockt.

Das Polyfiber-Material von Woodland-Scenics (Noch) lässt sich einfach zu einem Busch aufhübschen.

Mit Sprühkleber wird das Fibermaterial ganz fein eingenebelt und mit Flocken bestreut, hier wieder mit Heki-Flocken kieferngrün.

Und schon erstrahlt der Busch mit »blattartigen« Strukturen und wirkt aus der Entfernung als ganz natürlicher Busch.

3.1.2.4.5.1.1. Alternatives Gestrüpp

Wer Seemoos nicht zur Hand hat, kann sich auch mit anderen Materialien behelfen.

Man muss die Belaubungsaktionen bisweilen wiederholen, wenn nämlich nach dem Abschütteln des fast fertigen Baumes zu viel Material abfallen sollte und er danach etwas zu licht wirkt. Unbedingt – und das empfiehlt sich bei allen Baumbauten – erhält der fertige Busch noch etwas Fixativ-Spray zum Festigen des Baums übergesprüht.

WISSENSWERTES

Beflockungsmaterial für Buschwerk

Man achtet lediglich darauf, dass das verwendete Material nicht zu grob ausfällt. Mit zu klumpig wirkendem »Laub« zerstört man den ganzen guten Eindruck des mit viel Liebe gefertigten Seemoosbusches wieder.

3.1.2.4.6. Blümchen

Vor einigen Jahren war das Erscheinen feinster Blumen in Kunststoffbauweise eine der

Das Vorbild: eine Mohnblume.

WISSENSWERTES

Grasbüschel und -streifen

Wie lassen sich Grasbüschel nachbilden? Im einfachsten Fall werden mit Leim an den gewünschten Stellen einzelne Klebepunkte eingebracht. Dann wird diese Stelle beflockt. Dem Elektrostaten sind aber Grenzen gesetzt, in Winkeln oder Kerben (dort ist das elektrostatische Feld schwächer) beflockt der Elektrostat nur mangelhaft. Auf einer Kunststofffolie wird Weißleim, vermischt mit der gewünschten Bodenfarbe und etwas Turf, aufgetragen. Dann wird begrast. Nachdem das ganze getrocknet sind, lässt sich die Folie entweder in kleine Stücke zerschneiden, die als Grasbüschel dienen. Oder man zieht die Grasschicht vorsichtig ab und zerteilt sie in die gewünschten Büschel.

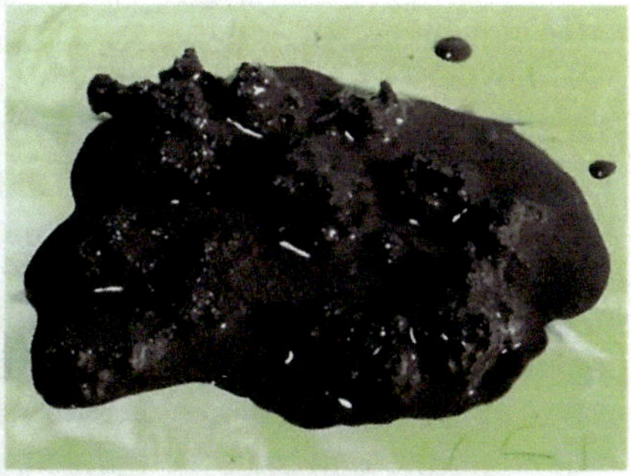

Auf einer Plastikfolie wurde etwas Clump-Foliage mit brauner Dispersionsfarbe und Weißleim aufgetragen.

Dann kann begrast werden, hier mit der Sommerwiese, also schon etwas vergilbtem Gras. Nach dem Trocknen lässt sich das Ganze von der Folie vorsichtig abziehen und kann in einzelne Stückchen geschnitten werden.

WISSENSWERTES

Fettes Gras

Gerade auf Weiden stehen oft Büschel »fetten Grases«, also krautige, dichte Grasbüschel. Diese lassen sich auch durch mehrfaches Begrasen herstellen. Nachdem die zunächst aufgebrachten Fasern durchgetrocknet ist, stupst man mit Graskleber einige Stellen voll und begrast diese erneut. Dabei bringt man dann aber dunkleres Grün auf. Das wirkt fetter.

Auf einer begrasten Fläche werden erdfarbige Leimkleckse verteilt.

Dann wird erneut darüberbegrast, diesmal mit etwas dunklerem Material. Das Ergebnis sind »fette« Grasbüschel wie sie typisch sind für Weiden.

Hauptgesprächsstoffe bei Modellbahnstammtischen. Heute hat beispielsweise Busch ein sehr umfangreiches Angebot für diese kleinen Details.

Der Umgang ist aber nicht ganz einfach. Hauptproblem ist die Winzigkeit der Einzelteile, denn die Blümchen müssen zusammengebaut werden. Nun stelle man sich eine Mohnblume in H0-Maßstab vor. Eben!

Was benötigt man für den Zusammenbau?

- sehr feines Sandpapier
- Farben
- Bastelmesser
- Pinzette
- Klebstoff (Sekundenkleber oder Modellbaukleber)
- gute Augen und zitterfreie Hände
- Geduld und Nervenstärke

3.1.2.4.6.1. Blumenbau

Die hier im Bild vorgestellten »Mohnblumen« bestehen aus zwei verschiedenen Spritzlingen: den »Blüten« und den »Stängeln«.

Die Farbgebung – Busch empfiehlt den

Beim Betrachten der feinen Spritzlinge kann einem schon anders werden …

Standfuß in Braun anzulegen und den Stempel in der Blüte der Mohnblume ebenfalls in Braun, besser wäre da wohl schwarz – kann man vor dem Abtrennen aus dem Spritzling erledigen. Man hat dann halt etwas in der Hand und die Handhabung der feinen Teile ist besser.

Allerdings entsteht beim Abtrennen vom Spritzling am Standfuß eine Stelle, die noch farblich bearbeitet werden muss.

Die Einzelteile sind nach dem Abtrennen mit dem Bastelmesser vom Spritzbaum zu entgraten. Da sie so winzig sind, eignet sich dafür weniger eine Feile, sondern eher Sandpapier. Da die Passgenauigkeit der Teile aber sehr gut ist, entfallen Nacharbeiten an den Bausatzteilen.

Zunächst trennt man einen Stängel vom Spritzling, die Blütenblätter aber bleiben noch am Spritzling. Das erleichtert die Handhabung.

Mit einer feinen Nadel appliziert man ein winziges Tröpfchen Klebstoff auf den Stempel und führt ihn in die noch am Spritzling hängende Blüte und baut die Blume zusammen.

Dann wird die Blume aus dem Spritzling befreit und in den Standfuß geklebt. Dafür eignet sich eine Pinzette, mit der man das feine Teil behutsam angreifen kann. Fertig.

Zunächst wird der Stempel schwarzbraun gefärbt.

Dann wird der Stängel mit dem Stempel in die Blüte gesteckt.

Winzig aber vorbildgetreu: Der Zusammenbau hat etwa zehn Minuten gedauert, man kann sich also vorstellen, wie lange es dauert, bis eine Mohnblumenwiese fertig ist – und der Modellbauer auch.

3.1.2.4.6.1.1. Wie lässt sich Sekundenkleber einsatzbereit halten?

Sekundenkleber – also der sogenannte Cyanacrylat-Kleber – ist mittlerweile beim Modellbahnbau nicht mehr wegzudenken. Es gibt ihn in der Regel in kleinen Tuben oder – für unsere Zwecke besser geeignet – in (hoffentlich) standfesten Kunststoff-Fläschchen mit spitzer Kanüle. Er lässt sich dadurch leicht dosieren, der Kleber neigt aber dazu eben diese Kanüle zu verstopfen. Denn Sekundenkleber reagiert ja bekanntlich mit der Luftfeuchtigkeit, und diese ist nunmal überall vorhanden. Die angebrochene Flasche beinhaltet also bald dickflüssigen Kleber – ein Ärgernis, nicht nur wegen des Preises. Frischhalten lässt sich angebrochener Sekundenkleber, der rasch aufgebraucht werden sollte, am besten im Kühlschrank.

Wie aber hält man die ständig verklebte Kanüle offen? Es gibt Hobbykollegen die »öffnen« die verklebte Kanüle mit dem Feuerzeug, indem sie das Röhrchen erhitzen. Das ist ebenso tadelnswert wie das Hineindrücken eines dünnen Drahts in die verklebte Kanüle. Ersteres ist gefährlich (Dämpfe, Feuergefahr), zweiteres weitet die Kanüle unnötig auf, so dass der Kleber noch rascher eindickt und das Röhrchen noch rascher und effektiver verstopft.

Wenden wir uns doch vertrauensvoll an den Apotheker: Dort erwirbt man sogenannte Einweg-Kanülen, also die Aufsätze für Einweg-Spritzen. Bewährt hat sich die Ausführung mit 0,8-mm-Spitze. Man sollte die Spitze aber abschleifen, um Verletzungen vorzubeugen. Der Aufsatz passt genau auf das Sekundenkleber-Fläschchen und der Kleber lässt sich mit der Spitze noch besser dosieren als in der »originalen« Kanüle.

Nach Gebrauch trocknet der Kleber in dem Spritzenaufsatz aus und verschließt dadurch das Kleberfläschchen luftdicht. Für den nächsten Einsatz tauscht man die Aufsätze einfach aus (sie kosten wenig). Wer sie nicht wegwerfen will, kann sie im Acetonbad wieder »frei« bekommen.

Bitte nicht mit dem Feuerzeug den Kleber »wegbrennen«. Der Kleber ist feuergefährlich, die beim »professionellen Freibrennen« – so nannte es allen Ernstes ein Hobbykollege – austretenden Dämpfe sind gesundheitsschädlich.

Durch die Dosierung mittels Kanüle geht auch der Verbrauch merklich zurück. Man schaut nach einiger Zeit fast ungläubig auf die Flasche und wundert sich, dass sie immer noch halb voll ist.

3.1.2.4.6.1.2. Kleberauswahl

Es lohnt sich durchaus bei der Kleberwahl etwas Mühe aufzuwenden. Ich denke, dass man heute nicht mehr vorbehaltlos zu den lösemittelhaltigen Klebern greifen muss. Gerade, wenn man mit Kindern etwas basteln will, aber natürlich auch für einen selber sind die bei der Arbeit austretenden Dämpfe nicht gerade gesundheitsfördernd. Das im Kleber enthaltene Lösemittel kann unter Umständen unsere »modernen Baustoffe« wie Styrodur anlösen oder sogar ganz auflösen. Bei der Arbeit an diesem Buch bin ich

WISSENSWERTES

Gel-Kleber

Dabei handelt es sich um einen Spezialkleber für den Einsatz beim Modellbahn-Landschaftsbau. Seine Vorzüge sind die Geruchs- und Lösemittelfreiheit (ist zudem unbrennbar), zudem ist er in feuchtem Zustand auswaschbar und vor allem zieht er keine Fäden, verläuft und tropft nicht. Zudem ist das Gel klar und trocknet matt auf, glänzt also nicht unnatürlich. Eine feine Kanüle – sie ist unverklebbar, verstopft also nicht, und muss deshalb auch nicht aufgebohrt oder »freigebrannt« werden – sichert die exakte Dosierung.

Es gibt Gel-Kleber von verschiedenen Herstellern. Der Vorzug dieses Klebstoffs ist die Lösemittelfreiheit, zudem tropft er nicht und zieht keine lästigen Fäden.

auf der Suche nach »Kleberalternativen« in einem Bastelladen fündig geworden:

3.1.2.5. Felsen und Steine

Es gibt verschiedene Arten seine Anlage mit »Felsen« oder einem Berg zu versehen. Generell hängt aber die Art der »Felsen« vom Unterbau der Anlage ab. Wer einen Leichtbau vorgesehen hat, kann nicht einfach Felsbrocken aus der Natur nehmen und zu Hause platzieren. Der Unterbau würde das nicht lange mitmachen.
Für den Felstyp ist entscheidend, für welchen Landschaftscharakter man sich entschieden hat. Es wirkt nicht gut, wenn auf der Anlage verschiedene Gesteinsarten durcheinander gebaut werden, das kommt in der Natur nicht vor (oder eben äußerst selten).

Skizzieren wir kurz, welche Felsbautypen es gibt.

3.1.2.5.1. Echter Stein

Aus den genannten Gründen ist das nicht empfehlenswert. Anders aber sieht es aus, wenn man nur Bruchstücke echter Steine verwenden möchte. Günstig ist es auch Felsen zu modellieren (Details siehe unten) und einfach einzelne, gut wirkende Bruchstücke mit einzubeziehen.
In erster Linie greift man zu solchen möglichst leichten Bruchstücken, die eine ansprechende Oberflächenstruktur aufweisen (»verkleinerter Felsen«). Wie der Einbau vonstatten geht, wird weiter unten näher beschrieben.

3.1.2.5.2. Fels aus Gips modelliert

Nach wie vor ist das die beliebteste Art Felsen nachzubilden. Meist werden dafür Styropor- oder Styrodurbrocken verwendet, die auf den Unterbau aufgegipst werden. Die Brocken werden natürlich in einer Art Schichtung aufeinander gegipst und nicht kreuz und quer durcheinander. Betrachte man draußen Felswände, so sind dort Strukturen erkennbar, etwa rinnen oder Bruchlinien. Danach erhält diese Hartschaumwand einen Überzug aus Gips.

Eine aus Stryodurbrocken frisch zusammengegipste Felswand. Man achtet darauf der Wand beim Aufbau eine »Richtung« zu geben, also die Brocken nicht durcheinander zu mauern.

Hier wurden schon Strukturen eingearbeitet. Man nimmt dazu am besten Stechbeitel und/ oder Schraubendreher oder Stuckeisen.

Nach dem Trocknen wird mit Modellgips durch Spachteln eine weitere Schicht aufgebracht. Auch ein breiter Pinsel eignet sich für diese, die Wand stabilisierende Tätigkeit. Damit erzeugt man auch die grobe Oberflächenstruktur der Steinwand.
An dieser Stelle ist es wichtig, sich darüber im Klaren zu sein, welche Art Fels man nachbilden will. Noch ehe der Gips völlig aushärtet, rückt man ihm nun mit Stechbeitel oder Schraubenzieher zu Leibe. Man »stemmt« aus der Masse nun Bruchlinien, Kanten und Brüche heraus, arbeitet Linie und Risse ein. Es ist sehr wichtig dabei klare Linien zu schaffen, denn in der Natur sind die Brüche auch klar erkennbar und wirken nicht abgerundet.
Nach dem Trocknen kann die Farbgebung erfolgen. Einer Grundierung mit Tiefgrund ist der Vorzug zu geben, da Gips sonst sehr viel Farbe aufnimmt. Die endgültige Farbgebung kann mit allen üblichen Modellbaufarben erfolgen, wobei man sich beispielsweise an Vorlagen (Bilder, Fotos) hält.

3.1.2.5.3. Grundlegendes zur Farbgebung von Felsen

Bei einem Ausflug in die Natur bringt man sich Fotos von Felswänden mit. Die übliche Farbnuancierung einer Felswand deckt ein sehr breites Spektrum ab und reicht von einem sehr hellen, fast schon weißen Farbton über beige und rötliche Töne bis zu einem dunklem Schiefergrau.
Je nachdem, welchen Farbton man seinen Felsen geben will, grundiert man mit einem Farbton, der die spätere Hauptfarbe vorwegnimmt. Wer ein Schiefergrau wünscht, grundiert recht dunkel vor. Man sollte beim Grundieren aber stets verdünnte Farben nehmen, da beispielsweise dicke Dispersionsfarbe die mühsam herausgearbeiteten feinen Strukturen schnell zusetzen kann.

> **WISSENSWERTES**
>
> **Fließverbesserer**
>
> Beim Einfärben des Felsen sollte der Farbe stets ein Fließverbesserer zugesetzt werden, damit die Farbe auch wirklich überall hinkommt und keine hässlichen »Farbinseln« entstehen. Bewährt hat sich seit Jahren das im Fotofachhandel erhältliche Agepon. Alternativ kann man auch PhotoFlo von Kodak, Ilfotol von Illford oder das Netzmittel Nr. 2255 von Lukas nehmen. Vier bis fünf Tropfen der Farbe zugesetzt, genügen um gut einen Liter Farbmischung kriechfähig zu machen. Da beispielsweise Agepon (es wird eigentlich bei der Fotoentwicklung verwendet und ist von Kindern fernzuhalten) nur in einen Ein-Liter-Gebinde erhältlich ist, ist das eine Anschaffung fürs Leben. Alternativ kann man auch Spülmittel nehmen, aber das neigt beim Pinseleinsatz zum Schäumen, was u. U. zu einem unbefriedigenden Ergebnis am Felsen führt.

Nun erfolgt eine Grundfarbgebung in – hier zum Beispiel – grauer Acrylfarbe.

Dann – nach dem Trocknen – wird schwarze verdünnte Acrylfarbe darübergestrichen und sofort mit einem Schwämmchen wieder abgewischt. Die schwarze Farbe bleibt in den Vertiefungen zurück – so wie wir es wollen.

Der Fels nach dem Trocknen. Er verträgt noch etwas weiße Farbe, die übergraniert wird. Die Farbgebung aber hat den Felsbrocken zum Leben erweckt.

Das Endergebnis nach dem Granieren.

WISSENSWERTES

Granieren

Eigentlich bezeichnet der Begriff den Mahlvorgang in einer Körnermühle. Der Modellbahner spricht davon, wenn er mit einem fast trockenen Pinsel ganz wenig Farben auf seine Felsen aufträgt. Er setzt dann sogenannte Lichter, erhöht also die Strukturierung der Felswand. Dabei werden beispielsweise erhabene Kanten der Felsen betont und gleichzeitig die dreidimensionale Wirkung des Ganzen erhöht.

Sämtliche Vertiefungen in den Felsen legt man mit sehr dunklen Farbtönen an, das verleiht den Strukturen Tiefe. Dieser Vorgang ist ggf. zu wiederholen, wenn die Farben nach dem Trocknen doch noch zu hell wirken sollten.

Dann kann man bestimmte Stellen, die später mit Bewuchs versehen werden sollen, schon mal grün oder braun anlegen. Das bewirkt zweierlei: Zum einen ist das eine gute haftende Unterlage für das spätere Beflockungsmaterial, zugleich erhält die Felswand dadurch »Leben« in Form von dadurch farblich angedeuteten Moosen und Flechten.

Im letzten Arbeitsschritt wird mit einem fast trockenen Pinsel noch mit hellem Farbton übergraniert.

3.1.2.5.3.1. Farbgebung mit Trockenfarben

Trockenfarben gibt es beispielsweise bei der Firma Kremer Pigmente GmbH & Co. KG, Hauptstraße 41-47, 88317 Aichstetten (Tel. 07565/91120 und Fax 07565/1606; www.kremer-pigmente.de). Diese Farben sind für höchste Ansprüche (beispielsweise für die Restaurierung von Bildern) geschaffen und entsprechend teuer. Da die Farben aber sehr ergiebig sind und wir nur geringe Menge benötigen, ist der Erwerb dennoch empfehlenswert.

Eine weitere gute Adresse für Trockenfarben ist Rainershagener Naturals, Grasshoffstrasse 40, 32425 Minden, 0571/42464 Fax 0571/62442. Dieser Hersteller stellt die Pigmentfarben für den Modellbau her.

WISSENSWERTES

Farbkarten

Farbkarten sind ein wichtiges Werkzeug, um Farben zu vergleichen. Es gibt drei verschiedene Typen von Farbkarten: Mit der Originalfarbtonkarte werden Musteraufstriche von Pigmenten hergestellt. Mit der Standardkarte lassen sich Referenztöne festlegen. Die RAL-Karte beispielsweise ist ein solcher Standardisierungsversuch. Allgemeine Farbtonkarten enthalten möglichst viele Farbtöne in systematisierter Reihenfolge.

Die Farben lassen sich mit Farbkarten festlegen und auswählen.

Auf recht einfache Weise kann man Trockenfarben selbst herstellen.

WISSENSWERTES

Trockenfarben selbst herstellen

Natürlich muss man nicht auf solch relativ teure Produkte zurückgreifen um zu Trockenfarben zu kommen. Der Bastler – und welcher Modellbahner ist das nicht – greift einfach auf Künstlerkreide aus dem Künstlerbedarf zurück. Man schleift die Kreide mit feinem Schleifpapier ab oder mahlt sie auf andere Art klein. Eine alte Mohnmühle oder eine ähnliche Maschinerie leistet dabei gute Dienste, ein befreundeter niederländischer Modellbahner setzt dabei eine italienische Nudelmaschine ein. Ziel ist es stets, zu einem möglichst staubfeinen Material zu gelangen. Niesen dabei aber unbedingt vermeiden!

3.1.2.5.3.2. Trockenfarben – Gefahr für die Gesundheit?

Im Hinblick auf etwaige Gesundheitsgefahren bei der Verwendung von Trockenfarben ist viel im Umlauf – Sinniges und Unsinniges. Nachfragen bei unabhängigen Chemikern ergaben folgendes Bild, das ich hier zusammenfassend wiedergeben möchte: Die hier vorgestellten Farben sind unbedenklich – vorausgesetzt man geht verantwortungsvoll mit ihnen um. Das heißt: Man verarbeitet sie in gut belüfteten Räumen und vermeidet jede Form von direktem Kontakt zu ihnen. Man vermeidet sie also einzuatmen oder auf die Haut aufzureiben (beispielswei-

se als »Kriegsbemalung« zu Fasching – wurde mir in einem sogenannten Fachgeschäft für Künstlerbedarf allen Ernstes empfohlen), auch in die Augen sollten sie nicht gelangen. Kinder hält man selbstverständlich von diesen Farben fern, beim Einsatz der Farben müssen sie ja nicht dabei sein.
Natürlich ist es nicht auszuschließen, dass mancher auf Trockenfarben allergisch reagiert.

3.1.2.5.3.3. Wie werden Trockenfarben angewendet?

Man bürstet Trockenfarben am besten wie Puder mit einem Pinsel trocken ein, anfallender überschüssiger Staub wird dann weggesaugt. Die Pigmente der Farben haften an beinahe allen Oberflächen, abgesehen von extrem glatten. Solche Oberflächen sind daher vor dem Pigmentieren mit Pulverfarben mit etwas Mattlack zu besprühen. Es genügt schon, dass ein hauchfeiner Mattlackauftrag die Oberfläche benetzt, um den Farbpigmenten genug Halt zu geben.
Da Trockenfarben in der Regel auf Untergründen des Modellbaubereichs gut haften, ist ein Lacküberzug nicht notwendig. Allerdings sind Trockenfarben gegenüber Wasser sehr empfindlich. Unter Wassereinwirkung neigen sie dann dazu zu verklumpen und dunkle Flecke auszubilden. Das ist gut zu wissen, betrifft uns aber eigentlich nicht.

3.1.2.5.4. Acrylfarben

WISSENSWERTES

Acrylfarben

Sie gehören zu den relativ neuen Malmaterialien und sind etwa seit den fünfziger Jahren des letzten Jahrhunderts erhältlich. Es gibt sie in einem großen Farbspektrum mit interessanten modernen Effekten (zum Beispiel einem irisierenden Schimmer). Sie sind dabei jederzeit einfach anwendbar.

3.1.2.5.4.1. Malen mit Acrylfarben: Vor- und Nachteile

Es ist der wohl größte Vorzug von Acrylfarben, dass sie im Gegensatz zu Ölfarben wasserlöslich sind. Das bedeutet, sie besitzen keine miefigen Lösemittel. Und weiter: Da Wasser schnell verdunstet, trocknen auch Acrylfarben sehr schnell, so dass ohne

Klassischer Einsatz für Trockenfarben ist der Gleisbau. Hier wurde der Schotter mit »Rostspuren« versehen.

Eine mit Acrylfarben behandelte Felsmauer erfordert schnelles Arbeiten, belohnt dafür aber mit sehr guter Wirkung.

lange Wartezeiten zügig mit der nächsten Farbschicht begonnen werden kann.
Vorteilhaft ist auch die Reinigung der Malgeräte nur mit Wasser, man benötigt keine Lösungsmittel wie Terpentin, das noch problematisch bei der Entsorgung ist.
Die Haltbarkeit der Farben ist sehr gut, zudem haften sie auf nahezu jedem Untergrund des Modellbaubereichs dauerhaft. Grundsätzlich haben alle Acrylfarben eine hohe Lichtbeständigkeit und vergilben auch nach längerer Zeit nicht.
Acrylfarben gelten allgemein als flexibel anwendbar. Besonders schöne Effekte erzielt man, wenn man sie stark verdünnt lasierend aufträgt. Pur aus dem Behältnis wirken sie pastos wie Ölfarbe und decken entsprechend. Sehr interessant ist auch ihre Eigenschaft sich mit Strukturzusätzen vermischen zu lassen. Dann kann man reliefartige Oberflächen gestalten. Da sie auch noch klebende Eigenschaften besitzen, erlauben sie auch Collagetechniken anzuwenden.
Zu dem Hauptnachteil der Acrylfarben kann allerdings das schnelle Trocknen werden, gerade wenn man dadurch gezwungen ist schnell zu arbeiten.

3.1.2.5.4.2. Acrylfarben mischen

Man kann alle Acrylfarben unter sich mischen, was das Erreichen jedes gewünschten Farbtons ermöglicht. Beim Mischen sollte man zu einer Grundfarbe stets nur kleine Farbzugaben machen und sich an den gewünschten Farbton annähern.
Alternativ mischt man die Farben auf beispielsweise der Felswand nass in nass. Das kann interessante Effekte oder sanfte Farbverläufe erzeugen.
Natürlich lassen sich Acrylfarben auch mit anderen wasserlöslichen Farben mischen, etwa Aquarellfarben, Tusche oder mit wasserlöslichen Ölfarben. Dabei bleiben für ge-

WISSENSWERTES

Lasurtechnik

Gerade mit Acrylfarben lassen sich interessante Farbeffekte erzielen. Dazu zählt die sogenannte Lasurtechnik. Dabei handelt es sich um einen Farbaufbau auf einem Untergrund, der durch unterschiedliche transparente Farbschichten nach und nach entsteht. Dadurch erreicht man eine besondere Tiefenwirkung.

Beispiel für die Lasurtechnik: Die Felswand erhielt schwarze Farbe übergestrichen, die sofort wieder abgewischt worden ist. Nachdem die Farbe getrocknet ist, ergibt sich eine interessante Tiefenwirkung.

wöhnlich die typischen Eigenschaften der Acrylfarbe (schnelle Trocknung, hohe Deckkraft) meistens erhalten.
Acrylfarbe lässt sich ganz einfach mit Wasser verdünnen, dabei nimmt die Deckkraft der Pigmente mit der Menge des zugesetzten Wassers ab. Man kann Acrylfarben allerdings kaum mehr entfernen. Durch die hohe Beständigkeit und Haftfähigkeit der Acrylfarben sind sie, getrocknet, nur noch schwer zu entfernen. Pinsel müssen daher auch während des Malens immer ins Wasser. Die hohe Deckkraft der Farben ermöglicht es jedoch, einen unerwünschten Bereich einfach zu übermalen und neu zu beginnen.

3.1.2.5.5. Weitere Felsarten

Welche Felsarten gibt es im Modellbahnsektor noch?

3.1.2.5.5.1. Felsen aus Schaumstoff

Die Gewichtsersparnis macht Felsen aus Hartschaum zur ersten Wahl. Es gibt industriell angebotene Ware, die eine hohe Zeitersparnis mitbringt. Natürlich kann man auch aus Styropor- oder Styrodur seine Felsen schnitzen. Aus Styropor ist das eine recht nervende Arbeit, da die kugelige Struktur des Materials saubere, scharfe Bruchkanten verhindert. Das Bröseln und der Schmutzanfall machen es eigentlich nicht zum Mittel unserer Wahl.
Sehr viel besser geeignet ist Styrodur, das sich sehr gut schnitzen und strukturieren lässt. Ein abschließender Gipsüberzug und die weitere Verarbeitung wie beschrieben ist zu empfehlen.

3.1.2.5.5.2. Felsen aus Styrodur

Egal wer zum ersten Mal mit Styrodur arbeitet: Allen ist gemein, dass das Arbeiten mit dem Stoff als angenehm und leicht beschrieben wird. Für Styrodur sprechen auch die zahllosen Möglichkeiten zur Oberflächengestaltung. Davon abgesehen sind Styrodurfelsen auch im Hinblick auf Festigkeit und Gewicht vorteilhaft.

Bearbeiten eines Styrodurblocks mit dem Stechbeitel. Schälend und Kerben einhauend arbeitet man sich vorwärts.

Wie wird s gemacht?

Man benötigt:
- Styrodurmaterial
- Sägen (Dekupier- oder Bandsäge fürs Grobe; Handsäge oder Cuttermesser fürs Feine)
- Raspel
- Stemmeisen
- Schraubenzieher

Die Grundform wird aus dem Styrodur ausgeschnitten, etwa mit Dekupiersäge oder Bandsäge. Anschließend greift man zur Handsäge und Cuttermesser und arbeitet die Feinstrukturen heraus: Mit den genannten Werkzeugen werden Klüfte eingeschnitten, Klüfte ausgestemmt und die Oberfläche aufgeraut.
Anmerkung: Anders als Srypopor lässt sich Styrodur nicht nur mit der Thermosäge, sondern auch mit mechanischen Sägen auf Maß schneiden und bearbeiten.

Dann werden die beim Bearbeiten abgefallenen Styrodur-Stückchen auf die Felswand geklebt (mit Heißkleber oder Weißleim). Anschließend werden alle sichtbaren Nahtstellen mit Gips gespachtelt um sie unsichtbar zu machen.

Dann kann schon gefärbt werden. Ein vollflächiger Gipsüberzug ist nicht nötig. Anschließend wird wie oben beschrieben die Felswand mit dunkler Farbe vorgrundiert (um Risse und Spalten zu betonen) und dann übergraniert. Betonen lässt sich das Ganze mit dem Einsatz eines Stupfpinsels.

Nach dem Durchtrocknen der Felswand wird dann mit dem Stupfpinsel helle Farbe auf Felskanten und erhabene Partien aufgestupst. Wo der Auftrag zu dick erscheint, die Partie also zu hell wirkt, nimmt man die Farbe sofort wieder ab (es eigenen sich dazu beispielsweise ein Q-Tip oder ein Läppchen).

WISSENSWERTES

Stupfpinsel

Wenn man bestimmte Strukturen erzeugen will, eignen sich die üblichen Pinselsorten nicht immer. Wenn man bestimmte Partien des Felsen betonen will, empfiehlt sich ein sogenannter Stupfpinsel. Stupfpinsel sind die idealen Pinsel zum Schablonieren, für den Schablonendruck und für Effekte beim Basteln, in der Kunst und der Malerei. Stupfpinsel haben den Namen aufgrund ihrer eigenen Form: die Pinselhaare sind meist gleich lang und zu einer ebenen Fläche gebunden, der Pinselstiel ist häufig kurz und dadurch besonders handlich. Das macht den Stupfpinsel zu einem nützlichen und vielseitig einsetzbaren Werkzeug. Es gibt ihn im Bastelbedarf.

Der Stupfpinsel beim Einsatz: Man kann ihn auch zum Granieren von Mauerstrukturen nutzen. Durch seine Bauweise verhindert er beim Granieren zuviel Farbe aufzubringen und das Motiv damit zu verhunzen.

Abschließend folgt noch die Detailgestaltung: Bäumchen, Pflänzchen und ein paar Grasbüschel.

3.1.2.5.5.3. Felsen aus Faserplatten

Ein Dauerbrenner sind Felsen aus Faserplatten. Werden diese unregelmäßig gebrochen, erhält man an der Bruchkante die gewünschten Formen. Man schichtet die Stücke übereinander und erhält so eine Bruchsteinwand. Ein abschließender Gipsüberzug ist natürlich obligatorisch, um die Strukturen zu fixieren.

3.1.2.5.5.4. Korkfelsen

Diese werden von Zubehöranbietern hergestellt. Die Rindenstücke haben eine Struktur, die tatsächlich an Felsen erinnert. Aber das ist Geschmackssache, wem die Strukturen nicht zusagen, muss wieder überfärben. Ihr unbestreitbarer Vorzug ist die Gewichtsersparnis.

3.1.2.5.5.5. Felsen als Abformteile

Heute ist dem Modellbauer ein ganz anderes Verfahren als die oben skizzierten zu empfehlen. Ganz kurz: Echte Steine werden mit geeigneter Abformmasse abgeformt, eine Form hergestellt und dann Abgüsse mit geeignetem Material hergestellt.

Der Vorteil des Abformens ist das sehr vorbildgetreue Aussehen der Steinstrukturen. Angenehmer Nebeneffekt: Die Farbgebung kann ganz nach eigenem Gutdünken erfolgen. Im Gegensatz zu echten Steinen ist man jedoch in der Farbgebung etwas freier.

WISSENSWERTES

Fertige Silikonformen

Im Modellbahnbereich gibt es heute einige Hersteller, die fertige Silikonformen anbieten. Dabei gibt es eine große Auswahl für die unterschiedlichsten Zwecke. Die Anwendung ist denkbar einfach: Gips wird angerührt und in die Form gegeben. Nach dem Erhärten des Gipses wird die Form abgezogen und der Abguss kann eingefärbt und platziert werden. Besonders leicht werden solche Felsen, wenn man die Form bis auf einen dünnen Zwischenraum für den Gips mit Styrodur oder Ähnlichem füllt. Trennmittel (etwa Ochsengalle) sind empfehlenswert, sie erhöhen die Haltbarkeit der Silikonformen. Meine eigenen Formen sind mittlerweile seit zehn Jahren im Einsatz und geben immer noch gute Abgüsse her; dabei gebe ich eher selten Trennmittel mit in die Form. Die Formen werden aber nach jedem Abguss ausgespült und gereinigt, zudem an einem trockenen und staubfreien Platz aufbewahrt.

Ein Gipsabguss aus einer Noch-Silikonform. Wichtig ist, den Gips gut durchzurühren und die Masse nach dem Einfüllen nochmals zu rühren, damit keine Bläschen den Abguss verunzieren.

3.1.2.5.5.5.1. Felsen-Formen selbst herstellen

Die Abgussformen für das Abgießen von beispielsweise Felsstrukturen lassen sich relativ einfach selbst herstellen. Lange Zeit galt Gips als die meistverwendete Abgussmasse. Er zeichnete sich durch eine sehr genaue Wiedergabe aus und stellte auch überlappende Stellen detailgetreu dar. Die Entwicklung von elastischen Abdruckmassen hat nun auch in die Modellbahn Einzug gehalten. Zu ihnen zählten neben den sogenannten Alginaten auch Abdruckmassen auf Silikonbasis. Man kann für das Abformen Latex verwenden, es gibt aber auch spezielle Abformmassen.

WISSENSWERTES

Latex

Dieses für Abgussformen gut geeignete Material ist dem Ursprung nach ein Gummiharz, das für unseren Zweck geeignete Material wird synthetisch hergestellt. Was sollte beim Einsatz von Latex beachtet werden? Es ist nicht unbegrenzt haltbar, die Vorräte sollten also bald aufgebraucht werden. Das für Abgussformen geeignete Material ist flüssig und beispielsweise bei Internetauktionshäusern recht günstig zu erhalten.

Im Beispiel soll es darum gehen, eine Felsabgussform für die Anlage selbst herzustellen.

Man benötigt:
- strukturierten Stein
- Kunststofffolie
- Sand
- Kleines Behältnis, etwa ein Schuhkarton
- Abgussmasse (Latex)
- Pinsel

Man sucht sich einen Stein, der aufgrund seiner Oberflächenstruktur gut als Vorbild herhalten könnte. Wichtig ist, dass die Oberfläche reich gegliedert ist, der Stein also »interessant« wirkt. Ein guter Weg ist es, einen Stein mit einem Hammer in Bruchstücke zu zerschlagen, denn dabei entstehen interessante Kanten und Strukturen.

Den Stein oder das Bruchstück legt man auf ein Stück Kunststofffolie (Gefriertüte) und packt das Ganze in das Behältnis, also etwa ein Schuhkarton. Das Behältnis wurde zuvor mit Sandgefüllt. Der Sand fixiert unseren Stein. Der Karton soll lediglich verhindern, dass man Verschmutzung anrichtet.

Nun wird der Stein, von dem wir eine Form herstellen wollen, mit Latex eingestrichen. Man lässt das Ganze trocknen, bis es fest ist. Das kann je nach Hersteller der Abgussmasse schneller oder langsamer gehen. Dann wird der ganze Vorgang wiederholt; es empfiehlt sich ein dreifacher Latexauftrag.

WISSENSWERTES

Universalschnellabformmasse

Gute Erfahrungen hat der Autor mit der hier vorgestellten Universalschnellabformmasse gemacht. Es gibt sie von verschiedenen Herstellern. Das Material ist entfernt mit den Abgussmaterialien beim Zahnarzt zu vergleichen. Vielleicht hat der eine oder andere Hobbykollege bereits (unliebsame) Erfahrungen mit Gebissabgüssen zur Herstellung von künstlichen Gebissen oder Zahnkronen gemacht. Nachdem wir den Schauder abgelegt haben, kehren wir zur Herstellung von Felsabgüssen zurück. Der Vorzug dieses Materials ist der schnelle und einfache Einsatz, zudem ist die Universalschnellabformmasse nicht gesundheitsschädlich.

Nun lässt sich der getrocknete Latexmantel vom Stein abziehen. Und schon hält man eine Gießform in Händen. Die Kanten und Ecken des Steins wurden sehr gut übernommen.

Die Universalabformmasse muss gut gemischt werden. Die auf dem Foto noch sichtbaren Flöckchen müssen glatt gerührt werden.

3.1.2.5.5.5.2. Alternativen

Eine Alternative zum Herstellen von Abgussformen stellen sogenannte Universalschnellabformmassen dar.

Die Anwendung ist ebenfalls wieder sehr einfach: Das Material ist unbedenklich eingestuft und kann sogar auf die Haut aufgebracht werden (beispielsweise um Abdrücke von Körperteilen zu machen – wer's mag). Ein Vorzug dieser Abformmasse gegenüber Latex ist die hohe Alterungsbeständigkeit, es lässt sich nach weitaus kürzerer Abbindezeit ablösen und verwenden, allerdings beträgt die Topfzeit auch nur hektische drei Minuten.

Das Pulver wird im Verhältnis 1:3 (ein Teil Pulver auf drei Teile Wasser) mit Wasser angemischt. Das Wasser sollte dabei eine Temperatur von etwa 23° C haben. Die Masse wird in einem Behältnis etwa eine Minute mit einem kleinen Löffel oder Spatel gut durchmischt, bis eine homogene, also klumpfreie Masse erreicht ist.

Nun beginnt die Zeit zu ticken: Die Abformmasse ist nun nur etwa zwei Minuten lang einsetzbar, ehe der schnell vonstatten gehende Abbindeprozess einsetzt. Wie beim Latex weiter oben beschrieben wird nun der abzuformende Gegenstand übergossen. Das Überstreichen mit dem Pinsel dauert zu lang und da das Material schnell hart wird, ist es eher für kleinere Abgussformen geeignet. Schon nach knapp fünf Minuten ist die Masse ausgehärtet und kann vom Modell abgezogen und sofort als Gussform verwendet werden.

Der Stein ruht auf Distanzhölzchen, als die Abformmasse eingefüllt wird.

Mit den selbsthergestellten Formen lassen sich verschiedene Gesteinssorten herstellen. Es empfiehlt sich mehrere verschiedenen Formen herzustellen um beim Geländebau ein zu eintöniges Bild zu vermeiden.

Übrigens: Die Verarbeitungs- und Entformzeit lässt sich über die Wassertemperatur steuern. Wärmeres Wasser (wärmer als 23° C) verkürzt die Aushärtungszeit der Masse, kälteres Wasser wiederum verlängert die Verarbeitungszeit der Masse.

3.1.2.5.5.5.3. Abformvorgang

Dann kann schon der erste Abformvorgang gestartet werden. Die Form wird zu diesem Zweck in den Schuhkarton mit dem Sand gelegt (zur Fixierung). Dann wird die Gießmasse hergestellt. Es eignen sich verschiedene Materialien, etwa Modellgips, auch Fliesenkleber geht oder Putz, je nachdem, was da ist. Empfehlen möchte ich aber für diesen Zweck das sogenannte Keramin.

WISSENSWERTES

Keramin

Das ist eine spezielle Figurengießmasse, ein hydrophobiertes (wasserabstoßend) Keramikpulver, um genau zu sein. Es ist wetterbeständig, das ist für uns eher unwichtig, aber es ist auch besonders geeignet für feine Abgüsse, bei denen es auf das Detail ankommt (sogenannte hohe Abformgenauigkeit). Sein weiterer Vorteil: Mit Wasser vermischt, härtet es innerhalb weniger Minuten absolut gleichmäßig sehr hart aus, bricht also nicht so leicht wie konventioneller Gips. Die Oberfläche des Abgusses ist weitgehend kratzfest.

Die Verarbeitung ist denkbar einfach: Keramin wird in einem geeigneten Behältnis (Gipsbrust, Kunststoffbecher etc.) im Verhältnis 1:4 (ein Teil Wasser und vier Teile Gießmasse) gemischt und gut verrührt, bis sich eine gleichmäßige, sämige Masse ergeben hat. Übrigens: Das Pulver lässt man langsam in das Wasser gleiten, nicht umgekehrt, weil sich sonst Klümpchen bilden (was dem besten Gipser passieren kann…).

Unbedingt sei noch dieser Hinweis angehängt: In der Gipsbrust vorhandene Reste nicht mit Wasser ausspülen und in den Abfluss gelangen lassen. Keramin härtet auch unter Wasser aus und droht den Abfluss zu verstopfen. Man lässt Reste in der Brust erhärten und klopft sie dann aus dem Rührbehälter ab und entsorgt sie sachgerecht.

Dann füllt man die Masse in die Abgussform ein, allerdings nur bis zur Hälfte des maximalen Füllvolumens. Nun gilt es mit einem Pinsel die Gießmasse in der Form zu verteilen. Bei diesem Vorgang hilft man den in der Masse stets vorhandenen Luftbläschen zu entweichen. Belässt man diese in der Masse, ergeben sich hinterher unschöne Löcher im endgültigen Abguss. Die Bruchgefahr könnte dadurch auch zunehmen.

Nun wird die Form voll gefüllt. Die Topfzeit Keramins, also die Verarbeitungszeit, beträgt knapp zehn Minuten.

Bereits nach einer halben Stunde – keinesfalls früher, dann bricht das Gussteil garan-

Eine Bahnsteigkante aus einer Silikonform und unter Zuhilfenahme von Keramin entstanden. Die Färbung erfolgte mit Acrylfarbe holzbraun. Jedes Detail der Holzmaserung ist durch das Keramin (und die sehr gute Form) zu erkennen.

tiert – ist es möglich den Abguss aus der Form zu entnehmen. Man löst zunächst die Form behutsam vom Keraminteil, indem man sie vorsichtig lockert. In der Regel kann man das Gießteil dann leicht entnehmen. Vom Gießen befinden sich noch Rückstände oder Grate am Abguss. Diese kann man mit einem Bastelmesser oder einer Feile, auch Sandpapier eignet sich, entfernen.

Im Beispiel wurde eine Bahnsteigkante aus Keramin gegossen. Vergleichsweise wurde das auch mit normalem Modellgips durchgeführt. Ergebnis: siehe Seite 77.
Die Oberflächenbeschaffenheit des Keramin-Gussteils ist bestechend gelungen, jedes Detail der »hölzernen Bahnsteigkante«, also das, was man als Modellbahner ja sehen will, die Verwitterung, ist sehr gut erkennbar. Beim Modellgips-Abguss ist der Abguss wesentlich gröber ausgefallen, viele wünschenswerte Details konnten nicht im erhofften Maße wiedergegeben werden.
Die Bemalung eines Keramin-Abgusses ist mit den üblichen Modellbaufarben möglich. Für das Beispiel wurde mit brauner Acrylfarbe gearbeitet. Solche, leicht untereinander mischbare Farben lassen die Holzmaserung sehr gut zum Vorschein kommen, »dickere«, also pastosere Farben eignen sich dafür m. E. weniger. Sie neigen dazu, die Details zuzusetzen.

Übrigens kann man das Keramin vorab einfärben. Es eignet sich dazu unter anderem Dispersionsfarbe im gewünschten Farbton. Pro Abgussvorgang sollte man aber nicht mehr als einen Esslöffel Farbe zusetzen, weil das Abbinden sonst ungünstig beeinflusst werden kann.

Nach dem Aushärten der Gießmasse – man kann natürlich Gips verwenden – wird die Form abgezogen und der »Gießling« angemalt.

Die Erfahrung zeigt, dass man mit solch einer selbst hergestellten Form gut und gerne 50 bis 60 Gießvorgänge machen kann. Beim Felsbau für die Anlage empfiehlt sich die Anfertigung von etwa fünf bis sechs Gussformen. Denn man möchte ja verhindern, dass sich die Felsformen allzuoft wiederholen.

3.1.2.5.5.5.4. Formenbehandlung
Hier noch in Stichworten ein paar Tipps zur Formenbehandlung: Generell achtet man darauf, dass das abzuformende Modell auch wirklich problemlos abgeformt werden kann. »Nasen« im Material lassen sich nicht abformen, die Bruchgefahr am Abguss ist zu groß.
Zweites Kriterium stellt die Trennfähigkeit (also das Ablösen) des Materials dar. Es gibt sehr poröse und damit saugfähige Steine, die sich als Abgussmodell nicht eignen. Es sei denn, man bestreicht sie vorher mit Universal-Decorlack, der die Oberfläche des Urmodells sozusagen absperrt.
Nach dem Trocknen dieser Lackschicht streicht man den Gegenstand zusätzlich mit sogenanntem Formen-Trennwachs ein.
Unbedingt daran denken, das für das Abformen gedachte Urmodell in einen Gießkasten zu stellen (unser Schuhkarton). Das hat handfeste Gründe, wenngleich sie beim Abgießen von Felsbrocken eher unwahrscheinlich sind. Aber wer kleinere Gegenstände abgießen will, läuft Gefahr, dass ein nicht fixiertes Modell im Schuhkarton aufschwimmt.

Nochmals zum Schluss dieses Abschnitts die Vorteile einer solchen Form aufgezählt: Die Anwendung ist kinderleicht, die Herstellungskosten sind gering und auch das Gewicht eines solchen aus einer Abgussform hergestellten Felsbrockens ist geringer als echter Stein.

3.1.2.5.5.6. Felsen aus Folie
Das ist kein Witz, das gibt es tatsächlich. Und das Ergebnis sieht überzeugend aus. Die Vorzüge des Materials bestehen in der Zeit- und Gewichtsersparnis. Man denke da-

Die Felsfolie von Heki wie sie aus der Packung kommt. Das Material muss dann geknüllt werden (wobei sich der aufgestaute Nervenreiz beim Herstellen maßstäblichen Blumen etwas abreagieren lässt).

bei an abnehmbare Bergteile (etwa an eine Zufahrt, die jederzeit zugänglich bleiben muss; ein solches abnehmbares Teil kaschiert eine Zufahrt sehr gut). Die Montage der Felsfolie kann vor oder nach der Geländegestaltung erfolgen.
Man kann die Felsfolie auf verschiedene Arten anwenden. Wenn sie nicht als abnehmbares Geländeteil ausgeführt werden soll, sondern als fest eingefügter »Fels« lässt sie sich wie die oben erwähnten und beschriebenen »Felsmaterialien« in einer Landschaft einbetten, etwa mit Gips oder den verschiedenen industriell hergestellten Geländemodelliermassen aus dem Angebot der Zubehörhersteller. Sie lässt sich wie jeder andere Gestaltungsgegenstand auch mit den genannten Materialien einbauen. Man achtet lediglich darauf, die Ränder anzufeuchten, damit die Modelliermassen sich mit der Folie gut verbinden können.

Übrigens kann man auch bestehende Anlagen, deren Felsgestaltung dem Besitzer vielleicht nicht mehr gefällt, mit dieser Felsfolie leicht überarbeiten und optisch ansprechender gestalten.

3.1.2.5.5.6.1. Verarbeitung

Für das Beispiel wurde die Heki-Felsfolie verwendet. Man knetet die Folie zunächst mit beiden Händen fest zusammen. Durch diesen Vorgang bringt man Kanten und Strukturen ist das Folienmaterial ein. Keine Sorge: brechen kann da nichts.
Danach breitet man die Folie aus und schneidet sie passend zurecht. Dafür eignet sich eine ganz gewöhnliche Schere, denn das Material lässt sich sehr gut bearbeiten.
Nun kann man die Folie schon am vorgesehenen Einbauort befestigen. Wer eine hölzerne Unterkonstruktion sein Eigen nennt, greift zum Tacker.

Gefühlvolles Tackern

WISSENSWERTES

»Zack«, da ist es passiert, der Tacker hat die Klammer zwar fest in das Holz geschossen, aber das Anzutackernde gleich mit durchtrennt, so dass jetzt nichts festsitzt. Unglücklicherweise besitzt man einen Tacker, dessen »Kraft« nicht regulierbar ist. Was also tun, damit uns der Klammerschussapparat nicht unsere Materialien zerstört? In der Praxis haben sich kleine Pappestreifen bewährt, etwa aus einem alten Schuhkarton geschnitten: Man legt einen solchen Streifen zwischen das Anzutackernde und den Untergrund und tackert munter weiter. Durch das als »Distanzstreifen« fungierende Pappestück wird die »Tackerleistung« vermindert mit dem Ergebnis, dass die Klammer jetzt nicht mehr unser Material durchtrennt.

Da in diesem Buch der Unterbau aus Styrodurplatten empfohlen wird, geht das Anbringen einer Felsfolie natürlich auch mit Klebstoff, etwa Heißkleber (hierbei auf die Finger beim Andrücken der Folie in den heißen Kleber aufpassen).

Heißkleber und Styrodur

WISSENSWERTES

Für gewöhnlich wird Styrodur mit Weißleim verklebt. Man kann das Material auch mit Heißkleber verbinden. Ja aber schmilzt es denn dann nicht? Das würde es, wenn man einen ganzen »Klebstoffring« auftragen würde. Besser ist es einzelne Schmelzkleberpunkte zu setzen und dann sofort das zu Verklebende darauf drücken.

Es genügt also völlig die Felsfolie nur punktuell anzukleben. Übrigens ist die Felsfolie nicht temperaturresistent, sie würde sich unter dem Hitzeeinfluss eines Zuviel an Heißklebers verformen.
Wer die Zeitersparnis und einfache Handhabbarkeit der Sekundenkleber-Verklebung ob seiner Gefahren nicht anwenden will, kann natürlich auch andere Klebstoffe anwenden, etwa Weißleim. Das dauert dann natürlich länger.
Abschließend lassen sich »Bergsegmente« aus Felsfolie natürlich noch farblich behandeln. Farben erster Wahl sind Acrylfarben, auch Dispersionsfarben haftet sehr gut; Wasserfarben aber sind ungeeignet, sie perlen von der Oberfläche der Folie ab, ebenfalls ungeeignet sind alle lösemittelhaltigen Farben, die das Material der Folie angreifen könnten.
Manchem gefällt die Struktur vielleicht nicht so gut. Für diese Hobby-Kollegen ein Tipp: Man bestreicht die Folie zusätzlich mit einem Gemisch aus Gips, Leim und Acrylfarbe.

3.1.2.5.5.7. Bau von Mauern

Natürlich gibt es auch hier eine Menge Fertigprodukte mit teilweise hervorragender Qualität. Wer lieber selber baut, greift zu Silikonformen, wie kurz zuvor beschrieben. Auf ebendieselbe Art wie weiter oben beschrieben, lassen sich auch Mauerformen selber herstellen.
Eine Alternative ist die Herstellung einer Mauer aus Gips, der auf eine Pappunterlage aufgebracht und dann herausgraviert wird. Zu diesem Zweck wird ein fester Karton an der Stelle, wo die Mauer entstehen soll, platziert. Man streicht in mehreren Lagen Gips auf diesen Karton auf. Man nimmt am besten rasch aushärtenden Modellgips. Das ermöglicht einen raschen Baufortschritt. Man macht das, bis man eine Dicke von gut 5 mm erreicht hat.

Man lässt die »Wand« gut durchtrocknen. Je nach gewünschter Mauerart rückt man dem Gipsteil mit unterschiedlichem Werkzeug zu Leibe: Mit einem feinen Stemmeisen oder einem Schraubenzieher graviert man Strukturen ein, etwa ein Natursteinverbund. Mit einem elektrischen Fräser und Fräskopf lässt sich die Arbeit beschleunigen.
Die fertige Mauer lässt sich einfach bemalen. Der Gips sollte aber zuvor mit Tiefgrund abgesperrt werden, er saugt sonst zuviel Farbe auf. Nach dem Bemalen lassen sich mit Trockenfarben schöne Effekte erzielen.

Auch eine Mauer als Hartschaum-Fertigprodukt verträgt noch etwas Farbe, die übergraniert wird.

Der Mini-Tunnel wurde mit Prägestiften bearbeitet, die ritzend und Kerben hauend über das Material geführt worden sind. Das erledigt man am besten in einem Raum, in dem man herumdreckeln darf. Der feine Gipsstaub wäre Gift für die Getriebe der Lok und die Kontaktsicherheit der Gleise.

3.1.2.5.5.7.1.Prägestifte

Zum Einritzen von Strukturen in Mauern oder in geeignete Materialien eignen sich sogenannte Prägestifte, die es im Bastelhandel gibt.

WISSENSWERTES

Prägestift

Mit einem Prägestift lassen sich Linien ins Papier prägen, die später in der ursprünglichen Farbe stehen bleiben sollen. Durch die Vertiefung bleiben die Linien papierweiß (oder in der Farbe, die sie vor der Prägung hatten). Die Kugeln an den Enden schonen das Papier; beide haben unterschiedliche Durchmesser.

Als Landschaftsbauer »missbrauchen« wir den Prägestift zum Einarbeiten von Strukturen in Felsen, in Steinwände (als Mauer) oder Ritzen in Kopfsteinpflaster.

Der erwähnte Prägestift in einer recht professionellen Ausführung mit Holzgriff. Es gibt auch wesentlich einfachere Ausführungen.

3.1.2.5.5.8. Bau von Wegen

Wege lassen sich auf unterschiedliche Arten bauen. Welche Wegearten gibt es denn überhaupt?

Für den Modellbahner und seine Landschaft dürften in der Regel vor allem landwirtschaftliche Wege eine Rolle spielen. Es gibt im Handel einige fertig gestaltete Wege. Diese lassen sich aber auch gut selber herstellen.

Hier sollen Feld-und Waldwege gebaut werden.

Auf aufgeleimten Sand wird eine »Graskleberwurst« gedrückt und das Ganze begrast. Keine Angst, das Weiß verschwindet nach dem Trocknen ohne glänzende Rückstände.

Wiederum hilft ein Blick auf das Vorbild. In der Regel sind solche Wege kaum richtig befestigt, meist besitzen sie nur eine Schotterdeckung. Nachgestellt werden kann ein solcher Schotterweg durch gesiebten Sand. Dieser wird durchgesiebt (beispielsweise mit feinem Metallsieb). Der dabei anfallende feine »Staubsand« kann dann direkt in die Landschaft gestreut werden.

Zuvor ist der gedachte Weg mit Weißleim einzustreichen, dann wird der Sand aufgestreut und mittels geeignetem Werkzeug, etwa einer kleinen Tapetenrolle, angedrückt.

Ein unbefestigter Waldweg entsteht ebenso, erhält aber in der Mitte die typische grüne Grasnarbe. Hierfür verwendet man am besten einen Elektrostaten oder begrast auf eine der anderen in diesem Buch beschriebenen Arten.

Das Ergebnis ist ein Feldweg, der natürlich noch mit Grasmatten oder Ähnlichem eingebettet werden muss um realitätsnah zu wirken.

4. Bäume und Büsche

Jetzt wird es richtig grün: In diesem Kapitel geht es um die Herstellung von verschiedenen Bäumen und Büschen aus größtenteils modernen Materialien. Es wird gezeigt, welch gute Ergebnisse die zeitgemäßen Bastelartikel mit etwas Übung gestatten, auch wenn konventionelle Baumethoden angewandt werden.

4.1. Naturmaterialien

Am besten gelingen naturnahe Bäume aus – wer hätt's gedacht – Naturmaterialien. Es macht natürlich keinen Sinn, auf der Anlage echte Bäumchen zu pflanzen. Was für den Gartenbahner einen sinnvollen Schritt darstellt, stürzt den Haus- und Kellerbahner in Wirrnis: Wasser und feuchte Erde haben auf der Anlage nichts verloren, zu schnell sprießt etwas, das wir gar nicht wollen. Logisch.
Wer mit offenem Geäug die Natur abschreitet, ist überrascht, was er so alles findet um es auf der Anlage zu verarbeiten. Einzige Voraussetzung: Er muss die Naturmaterialien im Herbst ernten, die übrigen Jahreszeiten sind für die Suche nach »Baummaterialien« weniger bis gar nicht geeignet. Warum? Im Herbst besitzen manche, für uns geeignete Pflanzen mit ihren vertrockneten Blütenständen optimale Voraussetzung für die Weiterverarbeitung zum Baum. Zudem stellen in dieser Jahreszeit die verblühten Pflanzen den Wassertransport in Stängeln und Blättern langsam ein. Das Trocknen der Pflanzenteile ist dadurch nicht so zeitaufwendig wie das Trocknen frischer Frühjahrsware.

4.1.1. Kiefer aus Goldrute

Ein Beispiel für den Selbstbauspaß sind »Kiefern« aus der Goldrute. Diese Pflanze ist an Wegesrändern, auf Wiesen und vor allem an Bahndämmen zu finden, wo ihre leuchtend gelben Blütenstände recht auffällig sind. Ganz wichtig, auch wenn es schon mal erwähnt worden ist: Wir verwenden die Blütenstände, doch das geht erst nach dem Verblühen, also ab September, besser noch im Oktober/November ernten. Dann ist die Blüte zu einem feinen Gespinst bei recht hoher Festigkeit auch des Stängels geworden, das uns beim Beflocken gute Dienste leistet.

Es gibt natürlich Modell-Kiefern in bestechender Qualität, keine Frage. Allerdings haben sie ihren – nachvollziehbaren – Preis. Wer selbst einen dichten Wald errichten möchte, muss jetzt aber nicht seinen ganzen Modellbau-Etat plündern. Man kann gute Kiefern selbst herstellen.

Man greift zu:

- Ästchen der Goldrute (Solidago)
- Weißleim
- Schere
- Grüne Dispersionsfarbe
- Alter kleinerer Topf oder ähnliches kleineres Behältnis
- Kunststoff-Schale (für das Beflocken)
- Schaumstoffflocken, etwa von Heki oder Busch
- Küchenpapier (zum Abtropfenlassen)

> **WISSENSWERTES**
>
> **Naturmaterialien und Heuschnupfen**
>
> Bei der Arbeit an diesem Buch kam ich in Kontakt mit einem freundlichen Mitmenschen, der mich darüber aufklärte, dass von der Verwendung von Naturmaterialien beim Modellbahnbau unbedingt abzuraten sei. Denn dies löse Heuschnupfen aus. In diesem Zusammenhang verwies er auf den »begründeten Verdacht, dass vor allem Goldruten diese Allergie auslösen«, wie er sagte und mir den Namen einer Zeitschrift nannte, in der das vor kurzem gestanden habe. Ein zufällig greifbarer Arzt hat mir dazu erklärt, dass Allergien etwas Individuelles seien. »Was bei einem Allergien auslöst, kann bei einem anderen völlig harmlos sein«, meint der Mediziner und fährt fort: »Die Goldrute löst keinesfalls mehr Allergien aus als andere Pflanzen.« Halten wir es so: Wenn bekannte Allergien vorliegen, wird der betreffende Modellbahnkollege das entweder bereits wissen und sich entsprechend verhalten oder er erfährt es spätestens beim Sammeln. Also, lassen wir die Kirche im Dorf …

4.1.1.1. Das Sammeln

Hat man schöne Exemplare der Goldrute gefunden, achtet man darauf, nur solche abzuschneiden, die einen gut durchgebildeten Blütenstand haben. Denn das soll später die Krone bilden und muss zuvor aber noch ausgedünnt werden. Mickrige Exemplare wer-

Ja, ja, die Goldrute in Nachbars Garten schaut so verlockend übern Zaun...

den nie zu einem gut wirkenden Baum, sind aber jederzeit als Buschwerk nutzbar.
Bei der Auswahl greift man in erster Linie zu solchen Goldruten, die einen umfänglicheren Stängel haben. Denn allzu dünne Stängel wirken hernach eben wieder bescheiden.
Die Ernte muss dann getrocknet werden. Es genügt, die Stängel einige Tage an einem warmen, trockenen Ort aufzuhängen, etwa als loses Bündel. In der Pflanze hausende Tierchen entfernen wir jetzt am besten gleich mit. Diesen Arbeitsschritt bitte gründlich erledigen, denn kleines fieses Getier möchte man auf der Modellbahn nicht haben. Ein paar Tage im trockenen Heizraum beispielsweise sorgt schon dafür, dass die Tierchen schnell die Koffer packen.
Damit zum Modellbaumbau. Zunächst einmal: Wie sieht nun eine Kiefer aus? Die Stämme sind recht dünn, glatt, ohne viele Äste und verlaufen selten kerzengerade. Die grüne Krone sprießt recht weit oben, wirkt aber zugleich sehr dicht.

4.1.1.2. Gedanken zur Wuchshöhe

Wie hoch der spätere Baum werden soll, ist eine Frage, über die sich trefflich streiten lässt. Folgende Tabelle gibt einige Anhaltspunkte für die Wuchshöhen einheimischer Hölzer.

4.1.1.3. Ein wenig Waldphilosophie

Generell möchte ich raten, die kleinste der angegeben Höhen zu verwenden. Bei der Kiefer in H0 wären das also 22 cm. Warum? Es geht hierbei um die Proportionen des zu gestaltenden Waldstücks oder Solitärbaums, die vor allem den Vergleich zu Gebäuden und Fahrzeugen unserer Bahn bestehen müssen.
Eine Lok misst so an die 18, 19 cm, ein Bahnhof ist vielleicht 10 oder mal 15 Zentimeter hoch. Der einzelne Baum in der Nachbarschaft des Gebäudes muss aber zu diesen »Größen« passen. Es wirkt absolut nicht gut, wenn auf der Modellbahn der Baum doppelt so hoch wie der Bahnhof ist. Das mag in der Wirklichkeit durchaus vorkommen, dort sind die Proportionen aber andere, weil das Auge andere Bezugspunkte wahrnimmt (Horizont, Hügelkette im Hintergrund, Straßenlampe etc.).

Baugröße	Baumart	Max. Wuchshöhe in m	Max. Modellhöhe in cm
	Birke	20 m	
Z			10
N			14
TT			17
H0			22
0			46
	Eiche	Bis zu 45 m	
Z			20
N			28
TT			37
H0			52
0			103
	Buche	34–40 m	
Z			15–18
N			21–25
TT			28–33
H0			39–46
0			78–92
	Kiefer	20–30 m	
Z			10–13
N			14–19
TT			17–25
H0			22–34
0			46–69
	Fichte	30–35 m	
Z			13–16
N			19–22
TT			25–29
H0			34–40
0			69–80

Zu niedliche Bäume wirken nicht gut. Die abgebildeten Baummodelle sind zwar schon einige Jahre alt, sie sind aber kaum größer als die Fahrzeuge im Hintergrund.

Auf der Modellbahn hat man diese großzügigen Bezugspunkte, in die man seine Wahrnehmung einordnen kann und die die Proportionen wahren lässt, nicht. Schnell wirkt der Solitärbaum viel zu groß geraten und erschlägt optisch den Bahnhof. Die absolute Maßstabstreue lässt sich bei Gärtnerarbeiten eben nicht umsetzen.
Ebenso schlecht wirkt es, wenn ein als Solitärbaum gedachtes Gewächs derart mickrig ist, dass sich keine harmonische Wirkung einstellen will. Natürlich kann es sich ja dabei auch um einen jungen Baum handeln, der erst noch wachsen soll. Aber den stelle ich dann nicht als dominanten Einzelbaum auf.

4.1.1.4. Stimmung! Stimmung?

Größere Einzelbäume eignen sich nämlich hervorragend um damit ganz bestimmte Stimmungen bewusst zu erzeugen. Damit gleiten wir wieder zurück in das anfänglich vorgestellte Kapitel 2 zu den Modellstimmungen und -spannungen. Erinnern wir uns kurz an das dort Gesagte: Die »Landschaftsbau-Spannung« ist also zu verstehen als ein Reiz, Neues zu erfahren und insbesondere Verborgenes kennenzulernen. Das dort herausgearbeitete Prinzip der Spannung lässt sich also auch hier anwenden.

4.1.1.5. Bau in Einzelschritten

In einem ersten Schritt stutzt man sich jetzt seine Goldrute zurecht: Die langen Blütenstände, Rispen, werden eingekürzt. Dazu empfiehlt sich eine kräftigere Schere. Dabei werden die Rispen gut um die Hälfte abgeschnitten. In jedem Fall hebt man aber die Schnittabfälle auf, diese tun später noch Dienst als »Unterholz«.
Bei der »Friseurarbeit« orientiert man sich am besten an Fotos um einen »kiefernähnliche« Form zu erreichen.

Dann richten wir uns eine Schale her, in die das bevorzugte Beflockungsmaterial eingefüllt wird. Dabei greift man eher zu dunkelgrünen Flocken, die der »echten« Farbe einer Kiefer näher kommen als hellgrüne. Aber wie immer: der persönliche Geschmack ist der beste Begleiter und Ratgeber. Im hier do-

Die Goldrute wird zurechtgeschnitten, die Abfälle tun aber noch Dienst als Waldboden (siehe dort) oder als Totholz, also nicht wegwerfen.

Eine vorbereitete »Kiefer«, also Goldute, wartet auf das Färbebad und den späteren Beflockungsvorgang.

kumentierten Beispiel haben wir die Heki-Flocken »Kieferngrün« (Artikel 1563) verwendet; es gibt ähnliche Produkte auch von mehreren anderen Anbietern.
Dann füllt man etwas Weißleim in einen Topf oder ein ähnliches Behältnis und gibt unter Rühren dunkelgrüne Dispersionsfarbe (Menge je nach persönlichem Geschmack) sowie noch etwas Wasser (Verhältnis Leim zu Wasser sollte 2 zu 1 nicht über- oder unterschreiten) hinzu.

Dann werden die zurecht geschnittenen Goldruten – sprechen wir der Einfachheit halber von Rohlingen – in den Topf getaucht – aber nur die künftige Baumkrone soll das grüne Farb-Leim-Gemisch abbekommen.
Nun werden die noch feuchten Rohlinge auf Küchenpapier etwas abgeschüttelt und beflockt sie dann über der Schale mit den Schaumstoffflocken: Man hält den Rohling über die Schale und streut mit der Hand Flocken darüber. Nicht den ganzen Rohling in die Flocken tauchen, denn dann wird das Ergebnis zu dicht und die Gefahr von balligen Klumpen am lichten Geäst besteht ebenfalls. Am besten gelingt die Beflockungsarbeit, indem man den künftigen Baum senkrecht hält und »von oben« bestreut.

4.1.1.5.1. Beflockungstipps

Generell sollte man **ein und denselben** Baum nur mit **ein und demselben** Material belauben. Verschiedene Beflockungsmaterialien an ein und demselben Baum wirken unnatürlich und verhindern die erwünschte und erhoffte vorbildgerechte Wirkung des Gewächses.
Die Kiefern wirken in feuchtem Zustand noch etwas arg dunkel. Nach dem Trocknen hellt die Farbe des Baums (also die Schaumstoffflocken) aber noch etwas auf und wirkt dann sehr gut.
Der Stängel muss übrigens nicht gesondert behandelt werden. Er wirkt sowohl farblich wie von der Struktur sehr vorbildnah.

Das Ergebnis in noch frischem Zustand, man erkennt die helle Farbe des Färbebads zwischen den Flocken durchscheinen. Die Farbe wird sich nach dem Trocknen etwas aufhellen. Im Beispiel wurden Hekis Flocken kieferngrün verwendet. Ähnliche Produkte gibt es auch bei den anderen Herstellern, deren Farbgebung allerdings abweichen.

Man kann den fertigen Baum nun in einem selbst gebauten Ständer zum Trocknen aufhängen. In der Praxis bewährt hat sich aber folgendes Vorgehen: Man setzt die Kiefern in noch nicht durchgetrocknetem Zustand, indem man ein Loch in den Bodengrund bohrt, einem Tropfen Kleber hineingibt und den Goldrutenstängel dort vorsichtig hineinsteckt. Beim Setzen der Bäume achtet man darauf die Kiefern nicht zu dicht, aber auch nicht zu weit voneinander entfernt einzukleben. Dann stützen sich die Kronen gegenseitig ab, verkleben miteinander (der Leim ist ja noch feucht) und so erhält das Ganze noch zusätzliche Festigkeit. Zudem wirkt dieser »Kiefernwald« dann wesentlich dichter und damit vorbildnäher.

Beim Setzen eines hohen Solitärbaums spielt das natürlich keine Rolle.
Damit kommt man auf Kosten von nicht mal einem Euro pro Baum.

Wer dem Frieden noch nicht ganz traut, hilft sich mit einem Trick: Die teuren Profi-Bäume bilden den Kiefern-Waldrand, die selbst gefertigten Kiefern stellen dann die Masse des übrigen Walds dar. Da man ohnehin nur die Kronen der Bäume sieht, vermag solch ein »Täuschwald« durchaus den Eindruck eines naturnahen Gehölzes zu erwecken – für weniger Bares allerdings.

4.1.1.6. Waldboden

Nun wirken selbst gebaute Kiefern natürlich nur dann richtig gut, wenn das sie umgebende Terrain ebenfalls fein gestaltet wird. Früher hat man sich dadurch beholfen, dass Waldboden mit dunklem Streu (zumeist entsprechend gefärbte Holzspäne) nachgestaltet wurde. Der eingesetzte Baum erhielt am Wurzelwerk einige Islandmoosbällchen und fertig war der Waldboden.
Was macht »Waldboden« eigentlich aus? Das auch als Unterholz bezeichnete Gewirr aus abgefallenen und abgestorbenen Ästen, Ästchen und Gestrüpp liegt auf reich benadeltem oder belaubtem Grund. Hier und da sprießt Jungholz und etwas Grün. Wesentlich aber ist das unregelmäßige Gewirr aus Holz und Grünzeug.

Ein Stück Waldboden aus gesammelten und »erbastelten« Goldruten-Ästchen auf dunkelgrün bzw. mit vergilbtem Gras begrastem Grund.

Es macht richtig Spaß, sein eigenes Unterholz zu gestalten. Wie immer bringt auch hier etwas Mühe ein ansprechendes Ergebnis: Vom Zurechtschneiden der Goldrute haben wir ja ein Sammelsurium an »Unterholz«. Man kann die Rispen belassen, einfärben und/oder mit farbigem Flockenmaterial bestreuen. Mit etwas Draht zusammengeflochten oder -gebunden stellen die Rispenabfälle kleinwüchsiges Buschwerk dar.

4.1.1.6.1. Selbstbau

Folgendes Vorgehen ermöglicht einen Waldboden nachzustellen.
Vom letzten Spaziergang besitzen wir vielleicht kleine Ästchen, die wir gut getrocknet haben (wegen Schimmel und Getier). Sie werden farblich sortiert in kleinen Schalen gesammelt. Auch diverse Streumaterialien legen wir bereit.
Für die nachfolgenden Arbeitsschritte legt man sich ein Beflockungsgerät nebst Leim und zur Beflockung geeignete Gräser zurecht.

Bereitung des Waldbodens

Im Beispiel soll eine kleine Ecke auf der Anlage als Waldboden mit darauf wachsendem Gehölz gestaltet werden. Nachdem alle Zutaten übersichtlich bereitgelegt worden sind, kann es losgehen. Zunächst wird der Boden vorbereitet, indem er einen Farbauftrag im gewünschten Farbton erhält. Im Beispiel wurde mit grüner Dispersionsfarbe vorbehandelt. Nach dem Trocknen des Farbauftrags erhält der Boden stellenweise Leimtupfen, mal größere, mal kleinere mit dem Pinsel aufgebracht.
Dann tritt das Beflockungsgerät in Aktion und man begrast die ersten Stellen in einem Farbton. Nach Herzenslust verteilt man nun »Totholz« und kleine Ästchen, die natürlich ebenfalls mit Kleber fixiert werden.
Nun bringt man mit dem Leimpinsel neue Klebeflecken auf, auch auf bereits begraste Flächen. Nun beflockt man mit dem Elektrostaten unter Verwendung eines anderen Farbtons (beispielsweise mit einem dunkleren Grünton) die eingeleimten Stellen. Es ist durchaus wünschenswert auch bereits begraste Stellen mit einem anderen Farbton neu zu beflocken, das gibt sehr gute Effekte.

> **WISSENSWERTES**
>
> **Beflockungssauger**
>
> Nicht immer stehen die Grasfasern auch bei Einsatz des Elektrostaten genau senkrecht, wie man es sich wünscht. In einem solchen Fall kommt der »Beflockungssauger« zum Einsatz. Das ist keine teure Neuanschaffung, sondern man greift zum Bodenstaubsauger, der wahrscheinlich in jedem Haushalt in irgendwelchen Kammern verlassen herumstehen dürfte. Es geht nun darum seine Saugfunktion zu nutzen und liegende Grasfasern aufzurichten, aber natürlich nicht einzusaugen. Um letzteres zu verhindern, zieht man ein Stück Nylonstrumpf über die Düse, das verhindert das Einsaugen des wertvollen Beflockungsguts. Um die eventuell liegenden Fasern aufzurichten, nähern wir die Düse behutsam an die frisch begraste Fläche heran und richten die liegenden Fasern auf. Natürlich gelingt das nicht bei allen, aber in der Realität liegen ja auf einer Wiese einige Halme auch darnieder, wohingegen andere wiederum sich der Sonne oder dem sensenden Bauern entgegenrecken.

Nun kann man sich etwas Zeit lassen, bis der Kleber abbindet. Nun wird der Überschuss mit dem Sauger entfernt.
Nach dem Absaugen der begrasten Fläche kann man nochmals Totholz und Ästchen und/oder eine weitere Grasfarbe einbringen. Dazu wird wieder Leim aufgetupft und Gras darüberbeflockt. Zusätzliche kleine Seemoosstückchen wirken als Gestrüpp sehr wirklichkeitsnah. Jetzt lassen sich auch die Büsche (aus den Goldruten-Rispenabfällen) setzen und das Unterholz auflockern.
Der große Vorteil dieses Arbeitens ist die stetige Veränderbarkeit. Gefällt einem eine Stelle nicht, ist flugs Leim draufgetupft und mit Gras nachgeflockt. Schon sieht's anders und vielleicht besser aus.

Wer sich den Bau eines Waldbodens nicht sogleich zutraut, greift zu einem Bastelset der Industrie, etwa von Busch. Das enthält alles, was man zum Bau eines Stückchens Waldboden braucht.

4.1.1.7. Frühlingsbirke

Man muss nicht immer einen Baum im vollen Sommerkleid darstellen. Wer nicht unbedingt nackte Gerippe des Winters platzieren möchte, kann doch einmal Frühlingsbäume nachbilden.
Eine Frühlingsbirke wie hier im Beispiel zeichnet sich durch lichtes Geäst und nur kleinen, zart sprießenden Blütenflaum aus.

4.1.1.7.1. Typik

Es ist bei der Nachgestaltung nicht wichtig, dass auch der letzte Ast und das allerletzte Blättchen vorhanden sind. Viel wichtiger ist es, dass das Typische eines Baums erkannt werden kann, also die Wiedererkennbarkeit gewahrt wird. Das Wesentliche eines Baums – in unserem Beispiel eine Birke – muss also hervorgekehrt und zugleich verdeutlicht werden.

Für eine ansprechende Birke bietet sich Sauerampfer (Rumex) an. Er ist auf Wiesen, an Wegen oder unter Bäumen zu finden. Auch er wird im Herbst geerntet und getrocknet. Die Fruchtstände der Pflanze werden entfernt.

Man benötigt:
- Sauerampfer
- Zahnstocher oder Rundhölzchen (Schaschlikspieß)
- Bindfaden
- Schere
- Kleber/schnelltrocknender Weißleim
- Strukturpaste oder andere Spachtelmasse

Was macht eine Birke im Wesentlichen aus? Richtig, der weiße Stamm und die lichte Krone. Hier ein Spätsommerexemplar am Bahndamm.

Ein Sauerampfer vom Bahndamm wurde getrocknet und zurechtgeschnitten.

- Seemoosbüsche
- Noch »Birkenblätter« (Artikel 08010) oder alternativ Busch Microflocken (Artikel 7321)
- Schüssel zum Sammeln überschüssigen Beflockungsmaterials

Da der Stamm hohl ist, muss er mit einem eingeleimten Zahnstocher (alternativ ein Rundholz, evt. ein Schaschlikspießchen – es muss halt passen) stabilisiert werden. Dieser Zahnstocher dient zugleich als spätere Aufstellhilfe. Der Sauerampfer wird etwas gestutzt, wenn nötig. Da der Stamm arg dünn ist, wird er mit etwas Bindfaden umwickelt, der mit Kleber (Leim) fixiert wird.

4.1.1.7.2. Strukturpaste als Rinde

Nachdem man mit der Formgebung seiner Birke zufrieden ist, wird Strukturpaste aufgetragen. Sie imitiert die typische weiße Stammfarbe der Birke.

Mit Strukturpaste wurde die typische weiße Stammfarbe des Baums nachgebildet.

WISSENSWERTES

Strukturpaste

Wenn man beispielsweise ein Aquarell mit dreidimensionalen Effekten aufpeppen möchte, kann man Strukturpaste verwenden. Eigentlich verwendet man diese Paste zum Erstellen von Maluntergründen oder als Modelliermasse für gewollt leichte Gegenstände, denn die Masse ist nach dem Trocknen sehr leicht. Es gibt dabei unterschiedliche Feinheitsgrade, von grob bis sehr fein. Beim Auftragen achtet man darauf, nicht zu dicke Schichten aufzutragen, weil das Material beim Trocknen (in der Regel dauert das zwei bis drei Stunden) sonst Risse bekommt. Allerdings kann das auch ganz gut aussehen, denn auch Baumrinden haben bisweilen Risse. Also einfach ausprobieren. Für eine ganz grobe Rinde lässt sich auch feiner Sand beimengen. Man muss da einfach etwas experimentieren.

Strukturpaste selbst herstellen

Da man Strukturpaste nicht überall erhalten kann, hier ein Rezept zum Selberherstellen.

Man benötigt:
- Grieß
- weiße Wandfarbe
- Holzleim
- Schüssel
- Kochlöffel zum Umrühren

Der Grieß kommt in der benötigten Menge in eine alte Schüssel. Dann werden zwei Drittel Teile weiße Dispersionsfarbe und ein Drittel Teil Holzleim miteinander verrührt und der Grieß dazugegeben. Alles nun kräftig vermischen und verarbeiten. Die Masse ist zum sofortigen Auftrag bestimmt. Reste können nicht aufbewahrt werden, da der Grieß sonst zu schimmeln anfängt. Zum Mischen eignen sich Dispersions- oder Trockenfarben.

Diese, wie die industriell hergestellte Strukturpaste kann mit allen Farben und Lasuren, die es im Modellbahnbereich gibt, übermalt werden. Mit Acrylfarben kann man die industriell produzierte Strukturpaste sehr gut mischen.

Beim Auftragen der Masse arbeitet man von oben nach unten, ein Pinsel leistet gute Dienste. Man muss nur aufpassen, die feinen Zweige dabei nicht abzubrechen. Um am Stamm eine borkige Struktur zu erzeugen, zieht man mit einem Schraubenzieher oder einem spatelförmigen Gerät die frisch aufgetragenen Strukturpaste sofort wieder ab. In den Vertiefungen der Rinde bleibt etwas Weiß zurück, die Oberfläche aber sieht eher braungrau aus.

Ggf. bieten sich weitere Aufträge der Spachtelmasse an. Man kann den Baum nach dem Trocknen weiter anmalen, muss man aber nicht.

Es empfehlen sich dazu Acrylfarben in Braun und Grau, oder eben nach eigenem Geschmack. Natürlich kann man auch etwas Moos auf der Wetterseite aufmalen. Nur mit der Strukturpaste behandelt, sieht das Birkenbäumchen auch ohne weiteren Farbauftrag schon ganz gut aus.

4.1.1.7.3. Geästimitation

Wie wird das Geäst imitiert? Bislang besitzt man ja nur eine Art Birkenrohling mit zu wenigen Ästen. Für diesen Zweck nimmt man Seemoosbüsche. Allerdings muss man die Büsche erst zurechtschneiden und unbedingt von anhaftenden Blattresten befreit werden.

Die ausgelichteten Meerschaumbüsche werden jetzt als zarte Birkenäste eingeklebt und ggf. mit Haarklipsen gesichert. In einem abschließenden Arbeitsschritt, nach dem Trocknen der eingeklebten Äste, muss das Bäumchen noch beflockt werden.

Man kann hier nun nicht wie bei Sommerbäumen verfahren, also »in die Vollen gehen«. Wir wollen ja ein zart knospendes Bäumchen im Frühling darstellen.

Zu diesem Zweck tupft man mit einem Pinsel Büschlein für Büschlein an der Birke etwas Leim (auch Gelkleber geht) auf, und zwar nur an die Spitzen des Geästs und nur ganz wenig. Vorversuche an einem Meerschaum-

Kleine Seemoosbüsche bilden das Astwerk der Frühlingsbirke. Mit dem Beflockungsmaterial von Busch »Birke« wurden die Seemoosbüschel vorsichtig beflockt.

büschel sind zweckmäßig und die rechte Menge Klebers rauszukriegen – wir wollen ja nicht alles zukleben und klumpige Äste.
Dann wird der Baum über eine Schüssel gehalten (die die überschüssigen Flocken auffängt und zur Wiederverwendung sammelt) und die Flocken aufgestreut. Es bleibt nur an den Astspitzen etwas kleben, gerade so wie wir das wollten. Mit etwas Geduld kommt ein Frühlingsbäumchen dabei heraus.

4.1.1.8. Turbo-Wald – ein ökonomisch aufgebautes Gehölz

Natürlich kann es sein, dass nun ein Hobby-Kollege sehr wenig Zeit oder Geduld hat, einen »Wald« darzustellen. Vielleicht spielt ein fein detailliertes Gehölz gar keine so große Rolle, weil der gedachte Wald nur im Hintergrund steht oder Ähnliches.
Man kann einen Wald auch sehr schnell aufbauen, wenn es nur darum geht, die wesentlichen Erkennungsmerkmale eines Gehölzes darzustellen.

Man benötigt dazu:

- Wattebäusche
- Klebstoff
- Farbe, am besten in Spraydosen, auch Airbrush, alternativ: grüne »Watte« (gibt es beim Floristen oder im gut sortierten Gartenbedarf als Sisal)
- Streumaterial

Die Wattebäusche werden flauschig gezogen und am besten auf einen zum Hintergrund ansteigenden Untergrund aufgeklebt. Dann wird das Ganze am besten in verschiedenen Grüntönen besprüht, es genügt aber auch nur einen Grünton einzusetzen.
Auf die noch feuchte Farbe wird nun Beflockungsmaterial je nach Gusto gestreut. Damit ist der Turbo-Wald schon fertiggestellt.
Um die Illusion eines »Walds« aufrecht zu erhalten, empfiehlt es sich am Waldrand für etwas Detaillierung zu sorgen, also Totholz, Buschwerk und Ähnliches; natürlich wirken dort auch aufwendiger gearbeitete Bäume sehr gut.

Die Wattebäusche erhielten einen Farbauftrag, in den dann die Beflockungsmaterialien eingestreut worden sind.

In erster Linie eignet sich diese Art einen Wald anzudeuten eher für kleinere Baugrößen jenseits von H0. Denn die Wattebäusche haben eben nur eine gewisse Größe, die als H0-Baum nicht mehr durchgeht, aber als TT- oder N-Baum ausgesprochen ausreichend wahrgenommen wird. Deshalb setzt man einen solchen Wald bei größeren Baugrößen an den Hang oder tituliert das Ganze als »Jungwald«.

WISSENSWERTES

Entfernung vortäuschen

Man kann man die oben beschriebenen kleineren »Wattebäume« auch zur Vortäuschung von Entfernung nutzen: Wenn am Horizont keine H0-Bauten und -Bäume zu stehen kommen, sondern beispielsweise kleinere Häuser und Bäume etwa des N-Maßstabs, täuscht das unser Auge und man nimmt das Ganze als scheinbar weiter entfernte Häuser und Bäume wahr. Das Verfahren eignet sich gerade auch für schmälere Anlagenabschnitte um größere Tiefe vorzutäuschen.

4.1.2. Drahtbäume – fein beflockt

Für den Baum- und Buschbau gibt es verschiedene Möglichkeiten. Im Folgenden wurden einige Methoden zusammengestellt, die mir Hobby-Kollegen gezeigt haben und die ich selber ausprobiert habe. Mit den demonstrierten Baumethoden lassen sich natürlich auch andere Baumarten gestalten als die hier vorgestellten. Prinzipiell sind die Methoden auch auf jeden anderen Laubbaum übertragbar. Man muss nur darauf achten, dass Form, Farbgebung und Größe des Gewächses im Wesentlichen stimmig umgesetzt werden.

4.1.2.1. Seemoos – was ist das eigentlich?

Das wichtigste Material in der modernen Landschaftsbaugestaltung ist Seemoos.

> **WISSENSWERTES – Seemoos**
>
> Dieses pflanzliche Material wird auch als Meerschaum bezeichnet und heißt eigentlich Grannengänsefuß (Teloxys aristata). Man verwendet davon aber nur die verholzten und getrockneten Stängel, die sich als Grundmaterial für Bäume und Büsche bestens eignen. Man erhält das Material beim Architektur- und Modellbahnbedarf. Übrigens lässt sich die Pflanze aus Samen selber ziehen. Man findet nämlich am Seemoos immer wieder mal kleine schwarze Kugeln, das sind die Samen. Es gibt die Samen auch bei Sämereien.

4.1.2.1.1. Ein Seemoos-Baum

Aus dem Material lassen sich Bäume, Büsche und Sträucher herstellen. Die hier skizzierte Methode ist nur eine mögliche, denn es gibt wie eingangs erwähnt zahlreiche Möglichkeiten Seemoos zu verarbeiten.
Man benötigt:

- Seemoos
- Begrasungs-Elektrostat
- Begrasungsmaterial
- Farbspray
- Sprühkleber
- Fixativ
- Beflockungsmaterial

> **WISSENSWERTES – Stabilisierte Stämme**
>
> Ist ein Stamm arg schwächlich, lässt er sich auf einfache Art und Weise stärken. Man fädelt einfach dünne Drähte in die Stämme ein. Das geht leichter als es sich anhört. Sollte das nicht funktionieren, kann man einen dünnen Draht mit dem Stamm verleimen. Der spätere Farbüberzug macht das Ganze unauffällig.

Vorteilhaft ist ein Stück Styropor, in das die frisch bearbeiteten Bäume gesteckt werden können. Es eignen sich auch Bretter mit Holzwäscheklammern oder Ständer mit Haarklipsen.
Das Besondere an dieser Methode ist, dass die Seemoosstücke elektrostatisch beflockt werden. Das sorgt für einen sehr dicht belaubten Baum. Zur Belaubung eignet sich beispielsweise Laub von Noch.

Zunächst ist das Seemoosmaterial zu säubern und von evt. anhängenden Samenkörnern oder Verunreinigungen zu befreien. Man wählt ausreichend stabil erscheinende »Stämme« aus.

4.1.2.1.2. Rationelles Einfärben und Beflocken

Im nächsten Arbeitsschritt wird der Seemoosbusch mit Sprühfarbe eingefärbt. Man wählt dabei einen Farbton je nach persönlichem Geschmack aus; dabei muss man nicht unbedingt Brauntöne verwenden. Sehr gut wirkt beispielsweise auch ein dunkles Grau. Man erkennt die Farbe hinterher nicht mehr genau, Hauptsache ist, dass das Geäst dunkel wirkt. Das verleiht dem fertigen Baum mehr Tiefenwirkung.
Nun wird der fertig lackierte, aber noch nicht getrocknete Baum mit Grasfasern begrast. Das erzeugt wie bereits erwähnt einen sehr dicht belaubt wirkenden Baum.

Dann wird belaubt. Hierzu ist der Baum zunächst mit Sprühkleber einzusprayen.

Der Seemoosbaum wurde zunächst von Spelzen und allerlei Gestrüpp befreit. Dann erfolgte ein brauner Sprühfarbenauftrag.

WISSENSWERTES – Sprühkleber

Dabei handelt es sich um Alleskleber in Sprayform. Sein Hauptvorteil: Sehr schnelles Arbeiten ist mit ihm möglich. Nachteil: Lösungsmittelhaltig und hochentzündlich. Er kann als Montage-, Kontakt- oder Haftkleber verwendet werden und eignet sich für die üblichen Modellbaumaterialien. Allerdings lässt sich mit lösungsmittelhaltigem Sprühkleber Styropor nicht verkleben – er würde das Material an- und auflösen. Die Anwendung ist einfach, wichtig ist, dass die Dose vor Gebrauch gut aufgeschüttelt wird. Die zu verklebenden Materialien werden aus einem Abstand von etwa 20 Zentimetern besprüht – in unserem Fall sind das beispielsweise Seemoosbüsche. Keinesfalls näher dran gehen, das Material setzt sich sonst mit Klebstoff zu und die ganze erwünschte Wirkung wäre beim Teufel. Für gewöhnlich genügt eine einseitige Verklebung, nur feste Materialien wie Holz oder Kunststoff benötigen eine zweiseitige Verklebung. Nach Gebrauch muss der Sprühkopf unbedingt entleert werden, um ein Verkleben der Düse zu verhindern: Dose auf den Kopf stellen und sprühen, bis kein Gas mehr austritt.

WISSENSWERTES – Fixativ (bisweilen auch als Fixaktiv angeboten)

Dieses Spray dient eigentlich dem Künstler zum Fixieren von beispielsweise Kohlezeichnungen auf Papier. Gerne schmücken wir uns mit dem Begriff Künstler und stibitzen ihm sein Fixaktiv: Mit dem Mittel lassen sich auch selbst gefertigte Bäume und Büsche fixieren, Fixativ wirkt wie ein Lacküberzug. Fixativ muss vor Gebrauch gut aufgeschüttelt werden und kann dann einfach aus gut 20 Zentimetern Entfernung aufgebracht werden.

Hier wurde das Noch-Laub aufgestreut und der Baum wartet auf den abschließenden Fixativ-Sprühauftrag, der ihm Dauerhaftigkeit verleiht.

Nun ist der Baum schon elektrostatisch begrast worden und zwar mit Frühlingswiese. Das ergibt ein sehr dichtes Laubwerk.

Dann wird das Laub aufgestreut. Wem das nicht so gut gelingt oder wem das Ergebnis nicht so gut gefällt, der kann den Baum auch in dem Belaubungsmaterial rollen. Dazu schüttet man das Laub in eine Schale, in der der eingesprayte Baum gerollt wird. Abschließend empfiehlt sich noch eine Fixierung des feinen Gebildes. Hierzu empfiehlt sich Fixativ-Spray.
Nachdem der Baum fixiert worden ist, muss er zum Trocknen aufgehängt werden.

4.1.2.2. Pappel

Als zweiter, von der Form her unverwechselbarer Baum soll nun eine Pappel gebaut werden.

Man benötigt:

- Messing- oder Kupferdraht 0,3 oder 0,4 mm
- Lötkolben (30 W) und Lötzinn
- Schraubstock
- Brettchen mit zwei eingeschlagenen Nägeln
- Sprühkleber
- Alleskleber
- Acrylfarben in Moosgrün, Schiefergrau und mattem Weiß
- Sprühlack in mattem Braun
- Beflockungsmaterial von MiniNatur Pappel oder Birke
- Vogelsand

Zunächst wird ein Drahtgrundgerüst hergestellt. Ob man dafür Messing oder Kupferdraht verwendet, ist dem persönlichen Geschmack überlassen. Messing ist teurer, stabiler, jedoch lässt es sich schwerer verarbeiten als Kupferdraht. Da aber keiner auf der Anlage an den Bäumen herumzupft, spielt die Stabilität eine untergeordnete Rolle.
In einem ersten Schritt wird der Kupferdraht um zwei Nägel, die in einem Abstand von gut 20 cm auf einem Brettchen aufgenagelt worden sind, herumgewickelt. Man erzeugt dabei zehn Schlaufen, ein Ende wird mit Lötzinn am wieder Aufspringen gehindert.
Wenn man die Schlaufen nun aufschneidet,

Mit dieser Hilfskonstruktion zieht man sich die benötigten Drähte zurecht.

erhält man ein Drahtbündel aus 20 einzelnen Drähten. Die genannte Menge ergibt einen mittelgroßen Baum. Bei kleinen Bäumen reichen zehn Drähte.
Nun werden die Drähte miteinander verdrillt. Zu diesem Zweck kommt ein Ende des Bündels in den Schraubstock, das andere Ende wird mit der Zange gepackt und um die eigene Achse verdrillt. Zu diesem Zweck eignet sich auch eine Bohrwinde oder eine sehr langsam laufende Bohrmaschine.
Übrigens lässt sich die nun entstehende Stammdicke jederzeit durch Einflechten weiterer Drähte verdicken.

4.1.2.2.1. Baum»entwicklung«
Nun beginnt man von unten nach oben einzelne Drähte vom Stamm jeweils auf gleicher Höhe herauszuführen. Wichtig ist, dabei die Form einer Pappel zu erreichen, deren Krone sehr klein ist, die sich also von unten nach oben verjüngt. Man achtet auch darauf, dass die Drähte nicht auf gleicher Höhe vom Stamm herausgeführt werden, sondern stets eine Lücke besteht. Die obersten Drähte verdrillt man zu einem Y.
Wenn es schnell gehen soll, greift man nun zu braunem Sprühlack und grundiert den Stamm. Um eine gewisse Rindenstruktur zu erzeugen und dem Baum die glatte Oberfläche zunehmen, wird sofort feiner Vogelsand in die noch feuchte Sprühfarbe eingestreut.

4.1.2.2.2. MiniNatur-Beflockungsmaterial
Dann wendet man sich dem MiniNatur-Belaubungsmaterial zu.

Die fertig »entwickelte« Pappel wurde bereits mit brauner Sprühfarbe eingefärbt und trocknet jetzt vor sich hin. Man muss nicht noch unbedi9ngt Vogelsand aufstreuen, die Baumrinde wirkt bereits in diesem Zustand recht gut.

WISSENSWERTES

MiniNatur-Belaubungsvlies

Betrachtet man das Material etwas genauer, ist man zunächst erstaunt: Die Einzelblätter haben – maßstäblich gesehen – die Größe eines DIN-A-3-Blatts Papier, sind also eigentlich zu groß. Aber dennoch wirkt das Ergebnis sehr überzeugend. Warum? MiniNatur-Material bildet das Vorbild sehr genau, aber nicht größenrichtig nach. Die reale Anzahl und Größe spielen nämlich bei der Nachgestaltung eine untergeordnete Rolle. Man erkennt aber am Modellbaum einzelne Blätter und stellt zufrieden die korrekten Parallelen zur Natur fest.

Das wirklich sehr vorbildgetreu wirkende Material zur Imitation einer Pappel oder Birke von MiniNatur ist auf ein Vlies aufgebracht, das man mit einer Schere zurechtschneidet.

Die typische Form einer Pappel mit den nach oben zeigenden Ästen wird nach dem Beflocken erzeugt, indem man die Drahtäste nach oben biegt.

Das Blattwerk dieses Herstellers besteht aus vliesartigen Stücken. Es muss zur Verarbeitung in dünne Streifen geschnitten werden. Diese Streifen werden dann mit den Ästen verklebt. Beim Schneiden orientiert man sich am besten an der Faserrichtung des Vlies', schneidet es also nicht quer ab, sondern schneidet längs der Faserrichtung.

Beim Beflocken geht man generell von unten nach oben vor. Man klebt einen Streifen in der passenden Länge an den Draht. Es kann genügen nur einen Streifen anzukleben. Sollte das Ergebnis zu dünn aussehen, klebt man einen weiteren Streifen am Draht an.

Das optische Erscheinungsbild einer Pappel zeigt die nach oben führenden Zweige. Nachdem nun alle Drähte beklebt worden sind, formt man die Pappel in die gewünschte Form um.

4.1.2.3. Birke

Eine ganz andere Form zeigt eine Birke. Hier treten die Äste wesentlich deutlicher hervor. Um jetzt nicht ständig zwei Drähte herauszuführen und zu verdrillen (um eben dickere Äste zu erhalten), hilft ein Trick: Man formt mit jeweils zwei Drähten jeweils eine Schleife.

Man nimmt dann jeweils eine Schleife und verdrillt sie und verlötet das Ergebnis. Durch das Verlöten erhalten die Äste die gewünschte Dicke. Man fährt damit fort, bis die Spitze des Baums erreicht ist. Nun müssen die Schlaufen nur noch am Ende durchtrennt werden.

Um wieder den Stamm etwas zu strukturieren, erfolgt wieder das Aufstreuen von Sand in aufgesprühtem Kleber. Man kann auch Strukturpaste auftragen (siehe weiter oben).

4.1.2.3.1. Stammgestaltung und Beflockung

Nun streicht man den Rohling mit weißer Farbe (Mittel erster Wahl: Acrylfarbe, es geht aber auch Dispersionsfarbe) an. Um die typische Rindenstruktur einer Birke nachzuempfinden, arbeitet man dann mit einem Pinsel in Grau oder Grün einzelne waagrecht verlaufende Striche ein.

Dann kann schon das Belauben beginnen. Das MiniNatur-Material Birke wird nun in **schmale Stücke** geschnitten und von unten nach oben an die Äste geklebt.

4.1.2.3.2. Hängebirke

Damit kann man sich schon an einen etwas spezielleren Baum wagen: eine Hängebirke. Die etwas andere Wuchsform lockert das Erscheinungsbild der Modellbäume auf.

Man benötigt:

- Kupferdraht 0,3 oder 0,4 mm
- MiniNatur-Material Birke
- Lötkolben (30 W) und Lötzinn
- Schere
- Seitenschneider
- Acrylfarben
- Klebstoff

Ein Messigrohr gibt den zahlreichen Drähten (im Beispiel sind es über 60 Stück) ausreichenden Halt. Beim Löten erhält das Ganze dann die notwendige Festigkeit.

Für einen Solitärbaum von ansprechender Größe von gut 20 Zentimetern Höhe nimmt man an die 70 Drähte. Diese Menge ist nötig, damit der Stamm ausreichende Dicke erhält und der Baum eine genügend ausladende Krone erhält, also nicht zu dünn und »verhungert« wirkt.

Wiederum wird der Draht um zwei Nägel gewickelt und die Drähte dann abgezwickt. In diesem Fall verwenden wir eine andere Halterung, nämlich ein Messingrohr. Dort werden die Einzeldrähte hineingesteckt und mit reichlich Lötzinn sorgfältig verlötet. Wichtig ist, dass kein Übergang vom Stamm zur Verästelung zu erkennen ist.

4.1.2.3.2.1. Geäst

Nun kann schon das Verästeln beginnen: Für diese Methode nimmt man jeweils zwei bis drei Drähte und verdrillt sie miteinander.

Rechts: So sieht die Hängebirke nach dem Verlöten aus.

Die Hängebirke wird mit den unterschiedlich lang geschnittenen Vliesstreifen beklebt. Innnen werden kurze, nach außen hin immer längere Streifen eingeklebt. Man erreicht den erwünschten Hängeeffekt, indem die Streifen mal links, mal rechts überhängend eingeklebt werden. Zum Fixieren verwendet man Haarklipse.

Allerdings sieht man ab und an auch mal Äste mit mehr einzelnen Drähten vor. Alle verdrillten Drähte verlötet man dann wieder. Nun wendet man sich der Form der Hängebirke zu: Es ist typisch für sie, dass ihre Äste vom Stamm weg schräg nach oben führen und von dort dann nahezu senkrecht nach unten fallen. Zunächst kürzt man die einzelnen Äste etwas ein. Dann biegt man die Form zurecht.
Dann wird der Rohling mit Dispersionsfarbe eingefärbt. Man orientiert sich hierbei an der natürlichen Farbgebung eines solchen Baums. Im Beispiel wurde eine Farbe aus etwa Grau, Braun und Grün zurecht gemischt und mit dem Pinsel satt aufgetragen.
Um die typische weiße Färbung einer Birke zu erreichen, wird nun mit weißer Dispersionsfarbe übergestrichen: Man verwendet dafür einen Borstenpinsel, der nicht streichend, sondern tupfend (und dazu mit ganz wenig Farbe) geführt wird. Das ergibt das typische Erscheinungsbild eines Birkenstamms.

Nun muss der Baum erst mal ausgiebig trocknen. Dann beginnt das Belauben, wieder mit MiniNatur-Birkenmaterial. Die einzelnen Stücke werden nun schmal und rechteckig zurechtgeschnitten. Der einzelne Streifen sollte dabei unterschiedlich lang sein.

Nun wird das entsprechend geschnittene Material nach unten hängend auf die Drähte geklebt. Generell trägt man etwas Klebstoff auf zwei Drähte auf und drückt das Vlies darauf ohne dabei die Fasern zu zerdrücken.

WISSENSWERTES

Hängeeffekt

Wichtig für das Erscheinungsbild einer Hängebirke ist, dass der Ast mit dem Laub »hängt«. Das erreicht man, indem das MiniNatur-Vlies der Faserrichtung entsprechend geschnitten wird. Die Fasern laufen dabei senkrecht zur längeren Seite des Vlieses.

Die fertige Birke steht hängend da, so wie es erwünscht war. Dass ab und an etwas »Holz« durchschimmert ist absolut vorbildgerecht und verleiht der Hängebirke noch mehr Realität.

4.1.2.4. Nadelbäume

Mit relativ einfachen Mitteln lassen sich natürlich auch Nadelbäume selbst herstellen.

Man benötigt:

- blaugeglühter Draht (0,65 mm)
- Schweißdraht
- Metallfeile
- Latex
- Weißleim
- Farbe aus der Spraydose
- MiniNatur Belaubungsvlies Fichte

Bei dieser Nadelbaumbaumethode fungiert Schweißdraht als Stamm. Der Draht wird abgelängt und die Spitze angespitzt (mit der Feile). Um dem Stamm etwas mehr Volumen zu geben, wird er mit Kreppband umwickelt. Dabei achtet man darauf eine leicht konische Form des Stamms zu erreichen.

4.1.2.4.1. Ästewickler

Die Äste des Nadelbaums werden nun aber etwas anders erzeugt.

Dann werden die Drahtwickel abgezogen und auf den Stamm aufgeschoben. Damit die Schlaufen eng am Stamm anliegen, sind sie anzupassen, also entweder auf- oder zuzubiegen.

Dann wird das Gebilde mit einem Gemisch aus Latex und Weißleim bestrichen. Es eignet sich auch der Latex-Kleber von Heki.

Mit einem Seitenschneider werden die Schlaufen nun am Ende aufgeschnitten und die Äste eingekürzt. Dabei orientiert man sich am Vorbild: Fichten wirken pfeilförmig, Tannen besitzen eine eher stumpf zulaufende Spitze. Im Beispiel wird eine Fichte nachgebildet.

WISSENSWERTES

Selbst gewickelte Äste

Man nimmt ein Brettchen und schlägt dort drei Stifte ein. Der Durchmesser des mittleren Stifts entspricht dem des Stamms, also des Schweißdrahts. Der Abstand der Stifte zueinander beträgt etwa drei bis vier Zentimeter. Nun führt man den geglühten Draht von einen Ende um den mittleren Stift, umwickelt diesen einmal und führt den Draht zum anderen Ende der »Wickelmaschine«. Das wiederholt man gut 20- bis 25-mal, je nach Größe des gewünschten Nadelbaums. Im Beispiel soll es ein gut 16 Zentimeter großer Baum werden, dieser benötigt etwa 23 Schlaufen.

Die »Wickelmaschine« mit Nägeln (weniger empfehlenswert, da sich der Draht dann schlecht entnehmen lässt) …

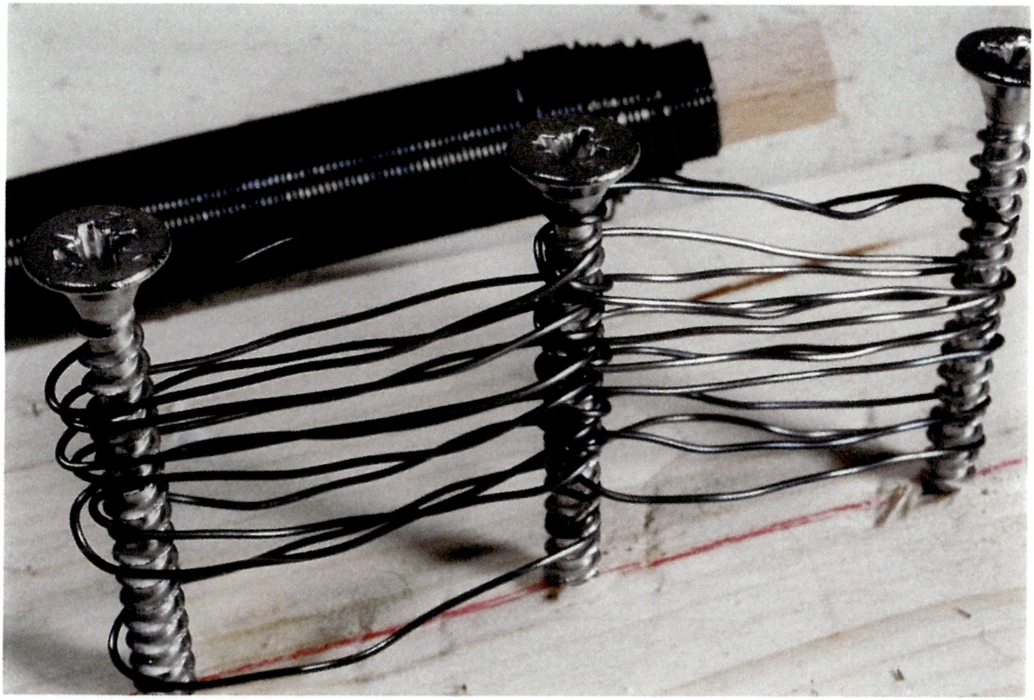

... und die verbesserte Form mit eingeschraubten Haltern. Diese lassen sich leichter entnehmen und der Draht ist bereits in der rechten Reihenfolge »vorsortiert«.

Nach dem Trocknen des Latex-Überzugs erhält der Rohling mit der Spraydose einen Farbüberzug. Sofort wird der Stamm mit Vogelsand bestreut.
Alternative: Man streicht den Stamm mit Strukturpaste ein und sprayt dann nach dem Trocknen Farbe auf.

4.1.2.4.2. Belaubung

Nun muss das Belaubungsvlies passend zurechtgeschnitten werden. Es werden trapezförmige Stücke herausgeschnitten, übrigens diesmal quer zur Faserrichtung. Darauf achten, dass die gut erkennbaren Faserlinien wie Finger aussehen.
Die Stücke werden dann – nicht zu dicht – am Ast festgeklebt (darauf achten, dass die Faserrichtung quer zum Ast verläuft). Man beginnt wieder von unten, kleckst ein Tröpf-

Links: ***Der Rohling nach dem Färben.*** Wie immer ist es empfehlenswert den Baum in einem Styrodurklötzchen zu sichern.

Trapezförmig zurechtgeschnitte Nadelbaumäste warten auf die Verarbeitung. Die Schnittreste nicht wegwerfen, sondern z. B. als Bachbewuchs aufheben und wiederverwenden.

Ein trapezförmiges Stück wurde soeben festgeklebt …

… und demonstrationshalber der Ast etwas durchgedrückt, damit er den vorbildgerechten Schwung erhält.

chen Klebstoff auf das Drahtende und das Vliesstückchen wird aufgesteckt. Zum Fixieren der »Nadeln« nimmt man Haarklipse.

Nun muss die Fichte noch in Form gebracht werden. Die einzelnen Belaubungsvliesflecken erhalten nun einen sichelförmigen Schnitt mit einer Schere. Man beginnt an der Astspitze und schneidet sichelförmig zum Stamm hin. Dabei achtet man darauf, kurz vor dem Stamm eine »enge Kurve« nach oben zu

WISSENSWERTES

Biegen der Äste

Man greift einen Ast mit Daumen und Zeigefinger. Der Zeigefinger drückt nun leicht auf den Ast und biegt ihn nach unten, während der Daumen die Astspitze fixiert.

schneiden. Damit ergibt sich das typische Erscheinungsbild eines Nadelbaums.
In einem letzten Arbeitsschritt müssen jetzt noch die Äste leicht gebogen werden, denn die Nadelbaumäste hängen ja immer ein wenig durch.
Abschließend verteilt man die Äste noch etwas, damit der Baum gleichmäßiger aussieht.

4.1.2.5. Laub und Bodenstreu

Man benötigt:
- Gesiebtes Sägemehl
- Holzbeize
- Behälter
- Muttern

Die Holzbeize in einem Fläschchen mit Wasser verdünnen (1:1 bis maximal 1:3). Dann wird das Sägemehl in die Beize eingerührt. Niemals die Beize dem Sägemehl zufügen, denn das führt zu unbefriedigenden Ergebnissen. Das macht man, bis die Flüssigkeit völlig aufgesaugt ist.

Die Masse wird dann in einen verschließbaren Behälter gefüllt. Dann fügt man einige

Das Endergebnis, eine Fichte, die nach etwa zwei Stunden Arbeit (ohne Trocknungszeit) vor uns steht.

Muttern hinzu, verschließt das Ganze und schüttelt es gut durch. Dann immer wieder Sägemehl zufügen, bis das Sägemehl »trocken« wirkt.
Dann wird die Masse auf einem Stück Zeitungspapier ausgebreitet um zu trocknen. Nach einem Tag ist die Masse gebrauchsfertig. Jetzt hat man Belaubungs- und Streumaterial. Mit anderen Farben wie gewünscht wiederholen.

5. Wasser und seine Nachgestaltung

In diesem Kapitel geht es um die – heikle – Nachbildung von Wasser. Wie eingangs erwähnt stellt Wasser eine echte Herausforderung für den Modellbahner dar. Zum einen verbietet sich die Verwendung von echtem Wasser wegen der Kurzschlussgefahr und weiterer Beschädigungsmöglichkeiten. Zum anderen sind Gießharze nicht völlig unproblematisch, allein die bekannte Seefolie stellt ein unbedenkliches Material dar, das gute Ergebnisse liefert. Es gibt aber noch zahlreiche andere Möglichkeit zu gut wirkendem »Wasser« zu kommen.

5.1. »Modernes« Wasser

Unvergessen sind die Zeiten, als man mit einfacher Küchenfolie seine »Gewässer« und »Flüsse« auf der ersten Modellbahn gestaltet hat. Das hat genügt. Klar, heute stellt man etwas höhere Anforderungen an das Erscheinungsbild unseres »Modellwassers«.
Hohen Bekanntheitsgrad erworben haben sich heute beispielsweise das »E-Z water« und die »Wassereffekte« (Artikel 96146) aus dem Woodland Scenics Programm (im Vertrieb von Noch). Auch Busch hat mit »Modellwasser« (Artikel 7589) so etwas im Lieferprogramm.

WISSENSWERTES

Modellwasser

Dabei handelt es sich um eine zähviskose, also zähflüssige Flüssigkeit. Ihre Handhabung ist unbedenklich und bewusst einfach gehalten. Im Prinzip genügt es den Fluss- oder Seegrund vorzubereiten und die Flüssigkeit direkt aus der Flasche einfließen zu lassen. Man bringt aber nur eine dünne Schicht auf, damit beim Trocknungsprozess keine Risse entstehen.

5.1.1. Experimentieren

Wie wir weiter oben als generelle Herangehensweise festgehalten haben, empfiehlt es sich auch hier erst mal auf einem Testdiorama zu experimentieren um die Verhaltensweisen der Produkte studieren zu können. Wie immer führen auch hier nur Geduld und genügend Zeit zu guten Ergebnissen.
Generell lassen sich mit den genannten Baustoffen sowohl Gewässer (Seen, Teiche) wie auch Flüsschen oder Bäche darstellen. Vor allem letztgenannte bieten sich in hervorragender Weise zur Gestaltung an, da diese Wasserläufe beispielsweise mit Wasserfällen »spannender« darzustellen sind. Aber die genannten Materialien erlauben diese Darstellung auf relativ einfache Weise und gut wirkende Weise.

Unbedingt beherzigen sollte man sich aber auch hier nach dem Vorbild Natur zu arbeiten, beispielsweise mit Fotos, die eine Hilfestellung sein können. Unabdingbar ist Geduld beim Arbeiten, Hektik verbietet sich von allein, wenn man ein ansprechendes Ergebnis erzielen möchte. Man arbeitet am besten schrittweise und betrachtet sein Arbeitsergebnis, ehe man zum nächsten Schritt übergeht.

5.1.2. Ein Bach im Modell

Ausgehend von unserem Plan macht man sich zunächst Gedanken zur Gestaltung. Will man einen »wilden« Bachlauf nachbilden, oder doch eher ein Flüsschen mit interessanten Uferpartien?

Man benötigt:
- Styrodurplatten
- Stechbeitel
- Raspel
- Bastelmesser
- Raufasertapete
- Modellgips
- Eventuell Felsfolie von Heki (Artikel 3504)
- Tiefgrund
- Steinchen zur Bachbettgestaltung, Grünzeug
- Farben zur Bachbett- und Felsgestaltung (Acryl- oder Dispersionsfarben)
- Modellwasser (verschiedene Produkte und Anbieter; hier wurde das Busch-Modellwasser mit Noch-Wassereffekten verwendet)

In unserem Beispiel haben wir uns für ein Bächlein entschieden, das nicht nur die Sägemühle antreibt, sondern auch einen abwechslungsreichen Verlauf nehmen soll. Das Gelände wird mit Hartschaumplatten gestaltet, so, wie es weiter oben dargestellt worden ist.
Das Bachbett wurde aus dem Styrodur herausgearbeitet (mit Stechbeitel, Raspel oder ähnlichen geeigneten Werkzeugen, wie oben dargestellt). Die Bachbegrenzung modelliert man mit feinen Spachteln und Gips. (man kann alternativ statt Gips auch die He-

Der Bach wurde aus dem Styrodur herausgearbeitet und mit der Quarzsand-Mischung gespachtelt. Mit Acrylfarbe wird der Grund grün angelegt.

WISSENSWERTES

Verarbeitungszeit für Gips verlängern

Für feine Modellierarbeiten verwendet man für gewöhnlich speziellen Gips mit langer Topfzeit, der also lange verarbeitbar bleibt. Der in Baumärkten vorrätige »Modellgips« bindet sehr schnell ab, in nicht mal fünf Minuten geht da nichts mehr. Natürlich kann man jetzt beispielsweise Innenspachtel oder Reparaturspachtel verwenden, der für eine recht lange Topfzeiten bekannt ist.

Aber was macht man, wenn man zügig arbeiten will und eben nicht »ewig« auf das Abbinden des Gipses warten will? Man verwendet Modellgips, eben den mit der kurzen Topfzeit, und mengt beim Anrühren Tiefgrund, auch Makulatur genannt, darunter.

Man gewinnt dadurch einige Minuten Verarbeitungszeit. Und noch einen zweiten Vorteil hat der Tiefgrundzusatz: Die Oberfläche des zu modellierenden Gegenstands (etwa eines Felsen) erhält dadurch mehr Struktur als ohne Makulatur (in diesem Falle wäre die Oberfläche sehr glatt, eben zu glatt für unsere Vorstellungen).

ki-Felsfolie einsetzen). Um das Bachbett »absperren«, also zu verhindern, dass später allzuviel Modellwasser in irgendwelche Ritzen und Spalten versickert, wird Tiefgrund im Bachbett aufgetragen.
Da nicht jeder Hobbykollege mit dem Begriff Tiefgrund etwas anfangen kann, hier kurz die Erläuterung:

WISSENSWERTES

Tiefgrund

Beim Renovieren von Wänden, beim Neutapezieren oder beim Verlegen von PVC-Belägen auf Fußböden wird dieses Material eingesetzt. Der flüssige, bisweilen eingefärbte (um der besseren Erkennbarkeit willen, was bereits behandelt worden ist und was nicht) Tiefgrund (es gibt ihn lösemittelhaltig und wasserverdünnbar, also lösemittelfrei, wobei wir zu letzterem raten) dient in erster Linie um die Saugfähigkeit älterer und bisweilen loser Untergründe einzuschränken. Damit erreicht man eine gleichmäßige Saugfähigkeit, was die nachfolgende Behandlung mit Tapete oder Ähnlichem erleichtert und beispielsweise Farbe sparen hilft. Tiefgrund dient auch zur Verfestigung des Untergrunds.

5.1.2.1. Feingestaltung

Nun geht es darum, das Bachbett zu gestalten. Wie stellt man die Strömung dar?

> **WISSENSWERTES**
>
> **Strömungsstrukturen darstellen**
>
> Wer einem fließenden Bach zuschaut, erkennt im bewegten Wasser bestimmte Strukturen. Die Oberfläche des Wassers »strömt«, sie bewegt sich also nicht in glattem Zustand fort. Diesen Umstand einzumodellieren ist sehr schwierig. Daher hilft man sich mit einem simplen Trick: Das Bachbett erhält Streifen von Raufasertapete aufgeklebt. Man muss nur darauf achten, dass die Tapete gut auf dem Bachgrund klebt, damit sie sich beim Einfüllen des Modellwassers nicht löst. Die Strukturen auf der Oberfläche der Tapete imitiert unsere gewünschte Wasserbewegung. Und da man das »Modellwasser« nur in geringen Mengen eingießt, bilden sich die Raufaserstrukturen an der Oberfläche des »Wassers« ab – gerade so, wie man das sich wünscht.

Nachdem die Raufasertapete eingeklebt ist, erhält sie je nach Geschmack eine Farbbehandlung mit Acryl- oder Dispersionsfarben, die sich jeweils unter sich bestens mischen lassen. In der »Bachmitte«, dort wo das Wasser am tiefsten ist, trägt man eher dunkle Farben auf. Zu den Seitenrändern hin, wo es flacher wird, kommt beispielsweise etwas Braun oder Sandfarbenes hin. Für diese Arbeiten kann man auch eine Spritzpistole nehmen, es genügt aber auch mit dem Pinsel zu arbeiten. Die feinen Farbübergänge sind in diesem Fall nicht so wichtig.

5.1.2.2. Wasser, Marsch!

Man wartet einige Zeit, bis die Farbe auf der Tapete durchgetrocknet ist, das ist wichtig, weil das Modellwasser sich sonst mit der noch nicht getrockneten Farbe mischen und dann unerwünschte Farbschläge zeigen könnte.

Nach wenigen Minuten dürfte aber alles durchgetrocknet sein. Endlich kann das Modellwasser eingegossen werden. Dabei aber bitte nur wenig nehmen, sodass die Oberfläche gerade mal benetzt wird. Dicke Schichten sind zu vermeiden, da es beim Trocknen dann zur Rissbildung kommen kann.

Mit einem Flachpinsel wird die Farbe vorsichtig verteilt, sodass das das ganze Bachbett »befeuchtet«, nicht aber die Tapetenstruktur zugeschmiert wird. Dann trocknen

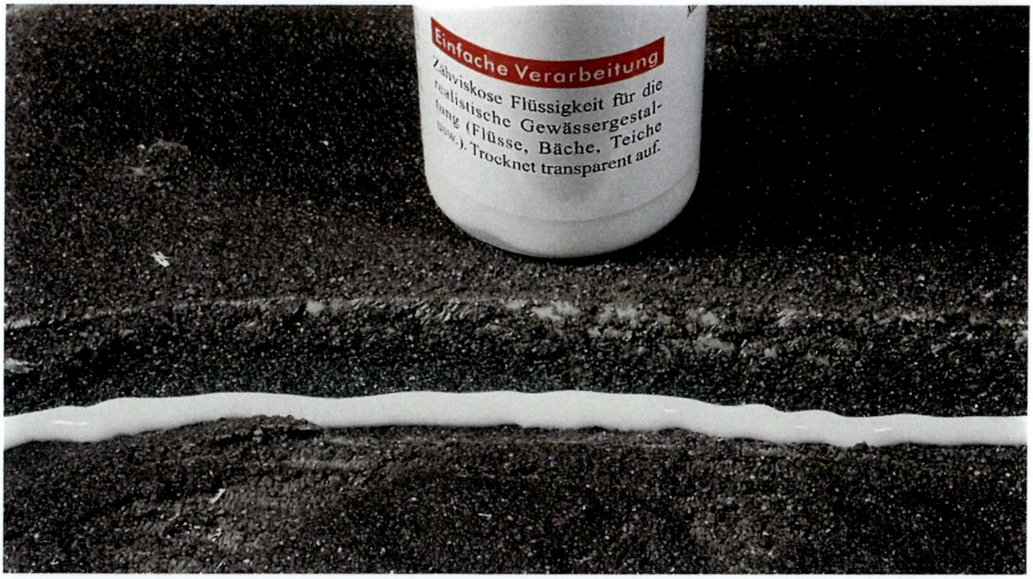

Wer keine Raufasertapete hat, gießt das Modellwasser eben einfach so in den vorbereiteten Bachgrund.

Mit einem Pinsel wird die Masse verteilt.

Abschließend wurde der Bachlauf noch mit »fettem« Gras hergerichtet: Aus Mattenmaterial wurden feine Streifen mit der Schere abgeschnitten und diese an den Bachwänden aufgeklebt. Das Ganze wurde dann noch ineinander »gekämmt«, beispielsweise mit einem alten Bartkamm.

lassen (das dauert recht lang, etwa 24 Stunden. Da muss man sich gedulden und hat genügend Zeit für andere Dinge).
Wer jetzt etwas enttäuscht auf sein Machwerk blickt, sollte sich nicht entmutigen lassen. Nach einem ersten Auftrag sieht das Modellwasser noch etwas dürftig aus. Das ist schon richtig so.
Dann wird das ganze Prozedere wiederholt: wenig Modellwasser auftragen und mit dem Pinsel sorgsam verteilen. Dann wieder warten. Den ganzen Vorgang wiederholt man etwa drei bis viermal. Dann müsste die Modellwasserschicht ausreichend dick aufgetragen sein. Dann plötzlich, oh Wunder, besitzt man einen täuschend echt wirkenden Bach mit »strömender« Wasseroberfläche. Um diesen Effekt zu erzielen sind tatsächlich mehrere dünne Aufträge nacheinander vonnöten – und eben Geduld.

In nächsten Schritt erfolgt die Fertiggestaltung des Bachufers, etwa mit allerlei Pflanzen etc.

5.1.2.3. Gischt und Spritziges

Nun mag der Bach etwas langweilig erscheinen, so idyllisch, wie er dahinfließt. Da muss noch etwas Leben rein. Und das wäre beispielsweise ein Wasserfall oder die Gischt rund um einen größeren Gesteinsbrocken im Bachbett.
Nachdem ein größerer Stein auf der festen Flussoberfläche festgeklebt worden ist (vorteilhaft ist es, das bereits beim »Befeuchten« des Bachbetts zu erledigen; ein Stein lässt sich aber auch auf der festen Bachoberfläche einfach festkleben), greift man zum Beispiel zu den sogenannten Wassereffekten von Noch (Artikel 96146).

Wie wird Wassereffekt eingesetzt? Dort, wo die Gischt spritzen soll, wird ein Strang Wassereffekt entlang der Kante des Steins aufgespritzt. Mit einem Zahnstocher zieht man sodann »Fäden« von unten nach oben. Man sticht also in die Masse und zieht die Fäden etwas nach oben, gerade so, wie es sein könnte.
Das macht man solange, bis man mit dem Erscheinungsbild zufrieden ist. Am einem kleinen Bach gluckst das Wasser an kleinen Steinen eher vorüber; am Wildbach hingegen spritzt es schon etwas mehr. Kleine Wasserfälle kann man entsprechend gestalten. Das Wassereffekt-Material ist nach etwa zwölf Stunden berührtrocken.
Dann kann man nochmals weitere Gischtspritzer setzen und das Ganze noch ausarbeiten, wenn man will. Übrigens auch hier: Bitte nicht enttäuscht sein, wenn das Ganze nach einem halben Tag noch nicht nach richtiger Gischt aussieht. Wie beim Modellwasser benötigt das Material einige Tage bis zur endgültigen Aushärtung. Dann erst erreicht es seine endgültige Farbnuancierung.

WISSENSWERTES

Wassereffekt

Das ist wörtlich zu nehmen. Es handelt sich dabei nicht um ein Wasserimitat, sondern um ein Material zum Erzielen von bestimmten Eindrücken. Das Material ist eine weiße Paste, sehr zähflüssig und geruchsneutral. Sie trocknet aber farblos auf. Wer also »weiße Gischt« darstellen will, muss die Paste mit weißer Farbe mischen.

Der sprudelnde Wasserfall wurde mit Wassereffekt von Noch imitiert. Das pastose Material wurde mit einem Streichholz in diese Form gebracht. Das Material beginnt recht schnell danach auszuhärten, sodass man die Form nicht allzu lange »erhalten« muss.

Wer nun seine Gischt gerne in Weiß sehen möchte, muss den Wassereffekt wie oben beschrieben mit Farbe mischen. Am besten verwendet man natürlich die Produkte des Herstellers des Wassereffekts. Bei den Versuchen für dieses Buch wurde Wassereffekt aber einfach mit Acrylfarbe gemischt, auch das gelingt gut und wirkt überzeugend.

5.1.2.4. Größere Gewässer

Natürlich eignet sich das Modellwasser auch für die Darstellung größerer Gewässer. In diesem Fall aber muss man dafür Sorge tragen, das der Seegrund absolut wasserundurchlässig ist. Das Wassertimitat hat die Eigenschaft in die letzten Ritzen zu kriechen und unter Umständen die Trocknungszeiten extrem zu verlängern. Außerdem kann es nicht Sinn der Sache sein, viel Modellwasser zu benötigen, weil das Zeug irgendwo wegläuft.

Wer einen See bauen will, hält sich dennoch an die Vorschläge des Herstellers, eine Schichtdicke von 3 mm pro Einfüllung nicht zu überschreiten. In diesem Fall wird das Material flächig eingegossen. Man erhält dann natürlich eine recht glatte Oberfläche.

Wer eine bewegtere Wasseroberfläche wünscht, kann nicht umhin, beispielsweise mit einem Zahnstocher und feinem Spatel für die nötige Wasserbewegung zu sorgen. Schwierig ist es den rechten Zeitpunkt auszukundschaften.

Bei den Tests für dieses Buch hat das Aushärten schon mal 24 Stunden gedauert – bei einer Gießdicke von 3 mm pro Schicht nicht weiter verwunderlich.

Das Aushärten geht nicht plötzlich vonstatten, sondern es ist ein längerer Prozess. Merkt man, dass die Masse fest wird, lässt sich eine Wasserbewegung mittels Zahnstocher, der in kreisenden und schlangenlinienförmigen Bewegungen geführt wird, einbringen.

Übrigens: Man muss nicht unbedingt einen mehreren Zentimeter tiefen See darstellen. Der Effekt eines größeren Gewässers stellt sich auch bei nur 3 mm Wassertiefe ein.

5.1.2.4.1. Wasserbau mit »leichtem Wasser«

Water-Drops

WISSENSWERTES

Das sogenannte E-Z Water, also soviel wie »leicht (zu fertigendes) Wasser«, stellt die »Wasserherstellung« aus Kunstharzpellets dar. Noch als einer der Anbieter dieses Produkts nennt sie »Water-Drops«, also »Wassertropfen«. Wie gesagt, handelt es sich dabei um einen Spezialkunststoff, der thermisch verformt werden kann. Das bedeutet, dass der Umgang mit dem Material nicht ganz ungefährlich ist, denn es besteht bei unachtsamem Hantieren Verbrennungsgefahr.

Die Water-Drops wie sie aus der Packung kommen, ein loses Garbnulat, das so gar nicht an »Wasser« erinnert.

Unter Beachtung eines verantwortungsvollen Umgangs mit dem Material sind Water-Drops uneingeschränkt zu empfehlen. Ehe wir zu Verarbeitungstipps kommen, muss der Gewässer- oder Bachboden natürlich erst wieder vorbereitet werden.

Zunächst wird das künftige Bachbett wieder mit Gips oder Spachtelmasse abgedichtet, denn das geschmolzene Material kriecht sonst in den kleinsten Ritzen auf und davon. Dann lässt man die vergipste Vertiefung erst mal gut durchtrocknen. Füllt man das Kunstwasser in noch feuchten Untergrund ein, entstehen ziemlich sicher unschöne Blasen, die den ganzen schönen Wassereindruck stören oder gar zerstören.

Unbedingt beachten: Die Water-Drops müssen ja wie erwähnt erhitzt werden um in einen flüssigen Zustand überzugehen. Das be-

Hier köcheln sie im Marmeladenglas vor sich hin. Man muss sie jetzt, nachdem sie geschmolzen sind, tüchtig umrühren, ohne dabei neue Luft unterzuschlagen, damit **alle** Luftbläschen aus dem Material entweichen.

deutet, dass das Bachbett nicht aus reinem Styrodur bestehen kann, sondern unbedingt einen temperaturresistenten Überzug (aus beispielsweise Gips) erhalten muss.

Hingegen ist es problemlos möglich das Bachbett zu strukturieren, die Noch-Flockage-Materialien (etwa Turf) können eingestreut werden, ohne dass Beschädigungen an ihnen zu befürchten sind.
Je nach Geschmack lässt sich das Bachbett auch farblich vorbereiten, etwa mit Acrylfarben oder Dispersionsfarben. Vermieden werden sollten Farben auf Lösemittelbasis, da diese durch die Hitze des eingefüllten Wasserimitats abplatzen könnten.

5.1.2.4.2. Verarbeitung

Die Verarbeitung der Water-Drops (Noch-Artikel 60856) ist recht unkompliziert: Die Water-Drops werden in einen hitzebeständigen Behälter (zum Beispiel ein Marmeladenglas) gefüllt und der beiliegende Weichmacher darübergeschüttet. Dann wird das Ganze bei 170° C–180° C für die Dauer von etwa 45 Minuten im (vorgeheizten) Backofen erhitzt. Natürlich richtet sich die Schmelzzeit nach der Leistung des heimischen Backofens,

Tut man das nicht oder nur mangelhaft, sieht der See hinterher so aus: Voller Luftbläschen. Mit einigem »Nachrühren« konnte noch der Zustand erreicht werden, wie er im Bild im Kasten S. 111 zu sehen ist. Also: Unbedingt gut rühren.

kann sich also verlängern oder verkürzen. Der rechte Zeitpunkt ist erreicht, wenn im Marmeladenglas eine glasklare Flüssigkeit zu sehen ist.
Beim weiteren Hantieren unbedingt die Verbrennungsgefahr beachten, also mindestens Küchenhandschuhe überstreifen.
Nun muss das Ganze mit einem Metallgegenstand gut durchgerührt werden, damit sich der Weichmacher in den Drops gut verteilt. Wichtig ist, dass nicht zu wild gerührt wird, damit keine Blasen entstehen (sämtliche Werkzeuge müssen sofort nach Gebrauch gereinigt werden, am besten geht das mit einem fusselfreien Lappen). Die Flüssigkeit ist gebrauchsfertig, wenn sie klar und blasenfrei ist. Trübt sie ein, muss sie nochmals kurzzeitig erhitzt werden.

Nach dem Schmelzen der Drops bleibt das Material etwa zwei bis drei Minuten lang in sirupartiger Konsistenz flüssig. Jetzt kann es bei guter Vorbereitung ohne Hektik in das vorbereitete Bach- oder Seebett gegossen werden. Ist das Wasser auf Ihrer Modell-Landschaft ausgehärtet und man wünscht sich Änderungen an der Wasseroberfläche – kein Problem: Mit einem Haarfön kann man die Oberfläche jederzeit anschmelzen und nachbearbeiten. Mit einer Heißluftpistole kann man sogar das gesamte Wasser-Drops-Gewässer verflüssigen. Übrigens eignet sich ein handelsüblicher Haartrockner auch ideal um nachträglich Wellen oder Stromschnellen auszuarbeiten.
Noch-Water-Drops gibt es in zwei Varianten: »Water-Drops transparent« enthält 250 g transparente Drops für kristallklare, durchsichtige Seen, Flüsse oder Bäche. »Water-Drops color« enthält 250 g transparente Drops und zum Mischen je 25 g blaue, grüne und braune Drops, um ganz individuelle Farbwirkungen des Wassers zu erzielen.
Eingefärbt wird durch Zugabe der Farbdrops in das geschmolzene transparente Material. Um sich dem gewünschten Farbton zu nä-

Ein Wasserfall wurde hier aus Kunststoffstreifen gestaltet, die einen Auftrag aus Fenstermalfarbe erhielten.

hern, gibt man nicht die ganze beiliegende Menge Farbdrops zu, sondern erst mal ein paar. Unter ständigem Rühren lösen sich die Drops und die Farbe verändert sich langsam. Ggf. ist die Masse nochmals zu erhitzen.
Wer verschiedene Farbtönungen wünscht, teilt die geschmolzenen Drops auf mehrere Gläser auf und färbt individuell.
Nicht benötigtes Kunstwasser belässt man im Marmeladenglas und kann es später jederzeit von Neuem schmelzen.

Bei den Tests zu diesem Buch habe ich aber festgestellt, dass es schwierig ist, das Material so gut zu verteilen, dass eine saubere, gleichmäßige Wasserlinie erreicht wird. Erschwert wird das dadurch, dass das Material eben sehr schnell erhärtet. Vorversuche und etwas üben können daher nur empfohlen werden.

5.1.2.4.3. Fenstermalfarbe
Mit diesem Material können sogar Kinder Bäche gestalten. Denn der Stoff ist sogar für Kinder zugelassen und kann unbedenklich eingesetzt werden.
Im Beispiel wurde die kristallklare Fenstermalfarbe von Marabu (Asperger Straße 4, 71732 Tamm, Tel. 07141/691-0, Fax 07141/ 691147, e-mail info@marabu.de, www.marabu.de) verwendet. Man gestaltet das Bachbett wie oben beschrieben, je nach Geschmack vor. Dann wird das Material einfach direkt aus der Flasche eingefüllt. Die Masse ist zäh viskos und fließt problemlos, ggf. hilft ein nicht haarender Pinsel nach (Fenstermalfarbe ist in frischem Zustand problemlos auswaschbar).
Mit einem Pinsel lassen sich dann noch kleine Wellen einarbeiten. Die Farbe muss dann einige Tage (!) trocknen, denn die aufgetragene dicke Schicht benötigt diese Zeit. Dünnere Schichten gehen natürlich schneller. Das wäre dann schon alles.
Für schlammige Bäche nimmt man beispielsweise Fenstermalfarbe braun oder andere geeignete Farbtöne.

Fassen wir zusammen:
Je nachdem wieviel Zeit zu investieren man bereit ist, kann man Bachbett oder Seegrund detaillierter oder einfach nur farblich gestalten. Das Verfahren, mit dem der Bodengrund gestaltet wird, bestimmt hernach die »Gewässerdicke«. Der Untergrund kann mit einfachen Mitteln gestaltet werden (etwa Gips). Beste Ergebnisse ohne Geruchsbelästigung und mit überschaubaren Schwierigkeiten erhält man mit Modellwasser. Die Water-Drops müssen stark erhitzt werden, was nicht jeder Untergrund verträgt (zum Beispiel Styrodur schmilzt unter Umständen).

6. Schlusswort

Damit ist der Trip in einen faszinierenden Teil der vielseitigen Modellbahnerei beendet. Vielleicht war manches zu theoretisch aufgebaut und man hätte es anders beschreiben sollen. Wenn mir im Eifer des Gefechts Unverständliches herausgerutscht sein sollte, bitte ich um Nachsicht. Aber vielleicht hat die Reise in unbekannte Landschaftsbaubereiche dennoch Spaß gemacht.
Landschaftsbau bietet so viele Möglichkeiten, dass es nahezu unmöglich ist, alles zwischen zwei Buchdeckel zu pressen. Das Buch stellte daher nur eine winzige Auswahl an Baumethoden und -materialien vor. Der Autor wünscht sich, dass viele Hobbykollegen Lust bekommen haben, selber mal anzupacken und vielleicht das erste Diorama oder sogar schon einen Anlagenteil mit modernen Baustoffen zu gestalten.
Es war ein Hauptziel des Buchs hie und da vorhandene Berührungsängste mit dem »modernen Zeugs« abzubauen um zu zeigen, dass erstens noch kein Meister vom Himmel gefallen ist und zweitens haben auch heutige Meister ihres Fachs mal ganz klein angefangen. Auch wenn der Umgang mit manchen Materialien nicht unbedingt ganz einfach ist, so sei es dennoch unbedingt empfohlen mal ausgetretene Pfade zu verlassen um neue Landschaftsbau-Erfahrungen zu machen.
Sicher ist manches sehr winzig und man braucht schon gute Augen um etwa die neuartigen feinen Blumen zusammenzubauen. Die Freude über die gelungene Bastelarbeit wird sicher über so manchen Nervenstress hinwegtrösten.
Manches angebotene Industrieprodukt erscheint fast nicht mehr zu verbessern. Und die Ergebnisse können sich sicher sehen lassen, auch wenn man noch nicht so geübt im Umgang mit Schaumstoffflocken und »Raumfahrtbüschen« ist, wie es ein Hobbykollege formuliert hat.

Wagen wir noch einen frechen Blick in die Zukunft: Anzunehmen ist, dass die Baumaterialien sich auch in Zukunft wandeln werden – wahrscheinlich in noch geringeren Zeitabständen als bisher. Was heute als Nonplus-ultra gilt, mag morgen schon wieder überholt sein. Wundern würde es einen nicht.
Vielleicht gibt es bald noch überzeugenderes Beflockungsmaterial und noch vorbildgetreuere Kleintiere. Was aber das Wichtigste an der ganzen Modellbahnerei und Landschaftsbauerei ist, mag man nicht vergessen: Es ist eine Einladung die Welt zu betrachten und sich mal spielerisch, statt überkritisch mit ihr auseinanderzusetzen. In diesem Sinne: an die Gerätschaften und drauflosgeflockt.

Linke Seite: ***»Genug geschafft für heute!«***, sagen sich Hase und Igel und verkriechen sich in einer »modernen Grasmatte« zu einem ganz altertümlichen Schläfchen.

7. Anhang

7.1 Stichwortverzeichnis

7.2 Weiterführende Literatur

Gernot Balcke: Modellbahn-Landschaft; Düsseldorf 1982

Yann Baude: Frühlingsgrün. Der schnelle Basteltipp fürs Wochenende: Bäume aus dem Bausatz, in: Eisenbahn Magazin 05/2004, S. 70

Jörg Chocholaty: Flusslandschaften, in: Modellbahn-Schule 10, S. 64

Ders.: Sticheleien. Ein Stichel erweist sich bei vielen Arbeiten als nützlich, in: Modelleisenbahner 10/2005, S. 60

Ders.: Wenn die Blätter bunt werden. Eine Herbstlandschaft für die Modellbahn, in: Modellbahn-Schule 11, S. 62

Ders. (Hg.): Blumen – Büsche – Bodendecker; Augsburg 2007 (Weltbild ModellbahnEdition)

Bill Darnaby: Make your own brass Cornfield, in: Model Railroader 06/2002, S. 62

Alfons Eichorn: Mauern Stein für Stein. Ein vorbildliches Bauprojekt, in: Eisenbahn Magazin 05/2000, S. 81

Hans Franken: Gips-Abdruck; in: Modell Eisenbahner 05/2004, S. 92

Michael Robert Gauß: Burgfrieden. Eine Ruine aus Gips; in: Modelleisenbahner 11/2005, S. 64

Stephan Geiberger: Brückenschlag. Individueller Selbstbau einer SteinbogenStraßenbrücke in 1:87; in: Modellbahn-Schule 10, S. 56

Thomas Haase/Günter Weimann: Eine Schiefermauer entsteht ..., in: Hp1 25, S. 44

Mathias Hellmann: Im Staub der Pigmente. Das »Altern« mit Staubfarben, in: Miba 2/1995, S. 80

Jackie Hole: Birken in H0, in: Eisenbahn Kurier 12/1998, S. 112

Martin Hopf: Der preiswerte Wald. Islandmoos, in: Miba 2/1994, S. 84

Bruno Kaiser: Adieu tristesse. Farbe für die Stadt. Gebäudemodelle richtig bemalt, in: Miba 11/1999, S. 60

Ders.: Asphalt ganz ohne zu kochen. Straßenbau im Modell, in: Miba 6/1995, S. 76

Ders.: Ein rauschender Bach mit neuen Mitteln. Modellwasser und Wassereffekte, in: Miba 04/2003, S. 40

Ders.: Eine Geländepartie verändert ihr Gesicht. Landschaftsumbau in Etappen, in: Miba 10/1998, S. 41

Ders.: Flora. Die perfekte Nachbildung der Pflanzenwelt, in: Eisenbahn Journal 11/1998, S. 78

Ders.: Mit dem Trecker auf die Äcker. Die Gestaltung von Feldern, Rainen und Wegen, in: Miba 06/2002, S. 52

Ders.: Stadthäuser aus Gips. Klaus Spörles Baumethode für Kreative, in: Miba 03/2001, S. 72

Jim Kelly: Essential tools to build a layout, in: Model Railroader 05/2004, S. 46

Rolf Knipper: Jenseits von Reben. Eine ungewöhnliche Lösung, in: Miba Spezial 67, S. 86

Tony Koester: Designing & Building Multideck Model Railroads. How to get more of your space; Waukesha 2010

Willy Kosak: Gefrees, in: Hp1 14, S. 38

Ders.: Rubbel die Mauer. Güterschuppen Nordhalben mit vorbildgetreuem Zyklopen-Mauerwerk, in: Hp1 26, S. 98

Lutz Kuhl: Gras am Bahndamm, in: Miba 11/1994, S. 110

Ders.: Instant-Wasser aus der Tüte. Aufkochen, umrühren und fertig, in: Miba 7/1999, S. 22

Ders.: Kulissen, Bühnen und Beleuchtung, in: Miba Spezial 41, S. 92

Ders.: Kurzer Halt in Unkelbach. Bahnsteige im Modell, in: Miba Spezial 31, S. 42

Ders.: Planten un Blomen aus Messing geätzt. Gartenbau mit Seitenschneider, Zange und Lötkolben, in: Miba 04/2003, S. 58

Ders.: Preiswerte Bäume direkt vom Bahndamm. Mit Rainfarn, Scharfgarbe und Co., in: Miba 07/2002, S. 26

Ders.: Tomaten, Bohnen und die Eisenbahn. Gartenbau in der Baugröße H0, in: Miba 10/1998, S. 49

Manfred Luft: Die Sache ist geritzt! Gebäudemodelle aus Gips, in: Miba 6/2001, S. 42
Andreas S. Lüneburg: Natur mit Natur gestalten (Teil 2). Weidezaun, Feld und Wiese, in: Eisenbahn Kurier 12/1998, S. 126
Ders.: Drunter und Drüber. Brücken und Bahnübergänge selbst gebaut, in: Eisenbahn Magazin 4/1999, S. 82
Ders.: Natur mit Natur gestalten (Teil 1). Wald und Feldbäume, in: Eisenbahn Kurier 10/1998, S. 108
Thomas Mauer: Kleine Anlage Schritt für Schritt (Teil 5): Geländebau, in: Miba 8/1996, S. 90
Ders.: Telegrafenmasten von der Stange. Kleine Bastelei am Feierabend, in: Miba 4/1998, S. 72
Horst Meier: Amerikanische Baumschule. Nadelbäume aus Naturmaterialien, in: Miba 04/2003, S. 50
Ders.: Nicht auf dem Holzweg ... Straßen aus Balsa, in: Miba 3/1996, S. 90
Ders.: Pflanzzeit für Kleingärtner. Landschaftsgestaltung als Filigrangewerk, in: Miba Spezial 43, S. 78
Ders.: Wie steht das Korn? Ein Getreidefeld auf der Modellbahn, in: Miba 7/1999, S. 80
Michael Meinhold: Die Vogelsberger Westbahn; Nürnberg 1999
Werner Meyer: Selbstbau-Bäume. Die Kupferdraht-Methode, in: Miba 10/1994, S. 89
Pietro Moggi: Schräge Stützmauern in der Kurve. Mauerplatten selbst gefertigt, in: Miba 03/2006, S. 24
Ron Morse: Modeling stone walls, in: Model Railroader 02/2003, S. 92
Rudolf Müller: Vor großer Kulisse. Auf schmalem Grund vor großer Tiefe, in: Miba Spezial 68, S. 44
Karsten Naumann: Auf dem Lande unterwegs. Straßen mit unbefestigten Fahrstreifen, Feldwege und Fahrbahnen aus Betonfertigteilen, in: Eisenbahn Magazin 05/2009, S. 60
Ders.: Bäume und Büsche einfach selbst gebaut, in: Eisenbahn Kurier 11/2005, S. 118
Ders.: Der Eisenbahnergarten, in: Eisenbahn Magazin 08/2009, S. 45
Ders.: Feld und Industriestraßen aus Betonplatten, in: Hp1 19, S. 60
Ders.: Industriestraßen aus Beton, in: Modellbahn Kurier 18, S. 36
Ders.: Schneezäune, in: Modellbahn Kurier 20, S. 26
Leo Nawrocki: Baumschule für Modell-Laubbäume, in: Miba 06/1985, S. 36
David Popp: Cool water!, in: Model Railroader 07/2004, S. 40
Ders.: Great Layout, great ideas. David Kotsonis tells how he built his B&M H0 Scale layout, in: Model Railroader 05/2004, S. 52
Gerhard Rabe: Blühende Wiesen. Bunte Blumen auf der Modellbahn, in: Modellbahnschule 12, S. 72
Ders.: Elektrisch geladen. Begrünen mit Grasfasern. Teil 1: Grundbegrünung, in: Modellbahnschule10, S. 72
Albert Rademacher: Straßen aus Hartschaum, in: Hp 1 9, S. 33
Ders.: Traumjobs am Schaumklotz, in: Hp1 27, S. 6
Ders.: Werkstraße aus Beton. Straßenbau mit Hartschaum, Teil 2, in: Hp 1 10, S. 30
Ders.: Gehwege gepflastert und geteert. Straßenbau mit Hartschaum, Teil 3, in: Hp1 12, S. 30
Ders.: Hydranten und Treppchen. Straßenbau mit Hartschaum, Teil 5, in: Hp1 14, S. 54
Ralf Reinmuth: Fichtennadelessenz, in: Modelleisenbahner 09/2004, S. 66
Ders.: Waldesrauschen, in: Modelleisenbahner 06/2004, S. 66
Burkhard Rieche: Hart, aber flüssig. Gewässergestaltung mit Gießharz, in: Miba 4/1994, S. 75
Ders.: Masten und Drähte. Telegrafendrähte im Modell, in: Miba 9/1994, S. 94
Dieter Rothenfußer: Schrebergärten neben dem Bahnhof. Kohlköpfe auf Dienstland, in: Miba 04/2010, S. 22
Jürgen Schill: Feine Fichten im Selbstbau. Nadelbäume für den anspruchsvollen Modellbau, in: Miba 06/2006, S. 34

Winfried Schmitz-Esser: Was besseres Gips nicht. Der Werkstoff mit der künstlerischen Note, in: Hp1 12, S. 11
Ders.: Welten zaubern auf wenig Raum. Perspektiven und Durchblicke auf der Anlage, in: Miba 01/2004, S. 78
Ders.: Erst der Putz und dann die Mauer. Gebäudebau in der Nenngröße 1, in: Miba 09/2002, S. 38
Gunnar Selbmann: Steinige Holperstrecken. H0-Pflastersteinimitate für den Modellstraßenbau, in: Eisenbahn Magazin 05/2009, S. 55
Rolf Siedler: Mit Kautschuk und Gips. Urmodelle, Formen und Abgüsse, in: Miba 4/1997, S. 84
Markus Tiedtke: Ohne Fleiß kein Preis. Feldarbeiten im Kleinen, in: Modellbahnschule 11, S. 58
Jacques Timmermans: Kleine Brücke – ganz aus Blech. Blechträgerbrücke aus Messingätzteilen in H0, in: Miba 03/2010, S. 22
Ders.: Lange Leitungen für kurze Zugmeldungen. Telegrafenmasten und Freileitungen im Modell, in: Miba 09/2002, S. 34
Uwe Volkholz: Brückenbau mit Gips. Viadukt und Durchlass in der Baugröße H0, in: Miba 02/2001, S. 92
Klaus Weibezahn: Eine kleine Straßenbrücke, in: Miba 01/1985, S. 22
Ders.: Straßenbrücke in Holzbauweise, in: Miba 01/1985, S. 24
Günter Weimann: Der Weidezaun. Kleine Fingerübung für Einsteiger und Fortgeschrittene, in: Hp1 25, S. 100
Ders.: Ein Zaun aus Brettern, in: Hp1 24, S. 100
Gebhard J. Weiß: Ein Pestwurzbestand im Modell ganz einfach!, in: Miba 04/2003, S. 49
Ders.: Ein Tunnelportal nach Maß. Massiv und ohne Schnickschnack, in: Miba 11/2002, S. 72
Ders.: Kleine Brücken einfach gebaut, in: Miba 11/2002, S. 60
Ders.: Tunnel und Felswand. Beton im Modell (Teil 3), in: Miba 03/2004, S. 78
Ders.: Zäune, Holz und Stangenbohnen. Kleinigkeiten für den Modellgarten, in: Miba 06/2002, S. 58
Ders.: Zum Planschen schön! Ein kleiner Bach im Modell, in: Miba 04/2003, S. 46
Alexa Wisniewski: Schöner Schaden. Schlaglöcher und Frostaufbrüche, in: Hp 1 9, S. 36
Andreas Zühlke: Superkiefern selbst gebaut, in: Hp 1 41, S. 44